侯东昱　张英俊 ◎ 编著

童装裁剪与缝制从入门到精通

TONGZHUANG
CAIJIAN YU
FENGZHI
CONG RUMEN
DAO JINGTONG

化学工业出版社

·北京·

《童装裁剪与缝制从入门到精通》以儿童人体的生理特征、服装的款式设计为基础，系统阐述了不同种类的童装的结构设计原理、变化规律、设计技巧，内容直观易学，有很强的系统性、实用性和可操作性。本书对童装结构设计基本原理的讲解精准简明，并选取典型童装款式深入浅出地进一步将理论知识逐步解析透彻，同时选取典型童装的缝制工艺详细讲解，能让读者举一反三地掌握不同年龄段童装的裁剪与制作要领。全书内容设计符合服装爱好者的学习规律，选取的童装案例从经典到时尚的递进讲述，能让读者成为精通童装裁剪与制作的达人。

图书在版编目（CIP）数据

童装裁剪与缝制从入门到精通/侯东昱，张英俊编著.
—北京：化学工业出版社，2020.5
ISBN 978-7-122-36398-5

Ⅰ.①童…　Ⅱ.①侯…②张…　Ⅲ.①童服-服装量裁②童服-服装缝制　Ⅳ.①TS941.716

中国版本图书馆CIP数据核字（2020）第039765号

责任编辑：李彦芳　　　　　　　　　　　　　　　文字编辑：李秀英
责任校对：栾尚元　　　　　　　　　　　　　　　装帧设计：史利平

出版发行：化学工业出版社(北京市东城区青年湖南街13号　邮政编码100011)
印　　刷：北京京华铭诚工贸有限公司
装　　订：三河市振勇印装有限公司
889mm×1194mm　1/16　印张15　字数470千字　2020年8月北京第1版第1次印刷

购书咨询：010-64518888　　　　　　　　　　　售后服务：010-64518899
网　　址：http://www.cip.com.cn
凡购买本书，如有缺损质量问题，本社销售中心负责调换。

定　　价：59.00元　　　　　　　　　　　　　　　　　　　　　　　　版权所有　违者必究

前言

童装产业的兴起成为服装产业新的增长点，可爱漂亮的童装越来越受到广大消费者的关注。随着家庭收入的进一步提高以及现代人审美意识的普遍提高，中国童装市场的消费需求已由过去满足基本生活的实用型开始转向追求美观的时尚型。

本书旨在让更多的家庭以及妈妈们了解童装的基本知识、概念、设计原则、发展，进而学会童装的剪裁，能为宝宝们亲手制作自己心仪的美衣。

服装加工技术日新月异，现代款式千变万化，这些无不来源于优秀的服装裁剪和缝制技术，因此，服装裁剪技术是服装造型的关键。本书主要针对童装进行探讨和研究，使读者能够全面地理解和掌握童装结构设计的方法。

本书详细阐述了童装设计方法及其变化规律和设计技巧，具有较强的理论性、系统性和实践性。全书共八章，每个章节既有理论分析，又有实际应用，并结合市场上较为流行的款式来解读相关的知识点和实操技能。本书采用CorelDRAW软件按比例进行绘图，以图文并茂的形式详细分析了典型款式的结构设计原理和方法。

本书的款式来自东莞市优迈服装有限公司。

本书由侯东昱和张英俊编著，感谢东莞市优迈服装有限公司张英俊、吴燚霞、戴金华、张丽丽，感谢郭艳杰、齐英娇、古若男、韩若梦、沈德垚在制图、插图等方面的付出。

书中难免存在疏漏和不足，恳请读者指正。

编著者
2020年2月

目录 Contents

第一章　童装简介　001

第一节　童装的发展简史 / 002
一、童装的概念 / 002
二、欧洲童装的发展演变简介 / 003
三、中国童装的发展演变简介 / 006

第二节　常见的童装种类及款式 / 012
一、不同年龄段的童装种类 / 012
二、婴儿装设计 / 015
三、幼儿装设计 / 017
四、小童装设计 / 018
五、中童装设计 / 019
六、大童（少年）装设计 / 021

第三节　近年来童装流行趋势 / 022
一、春夏童装流行趋势 / 022
二、秋冬童装流行趋势 / 033

第二章　童装面料与辅料　043

第一节　童装使用的面料 / 044
一、面料性能的识别 / 044
二、面料流行的关注 / 045
三、面料选购的方法 / 045
四、裁剪童装使用的面料分析 / 045

第二节　童装使用的辅料 / 051
一、里料 / 051

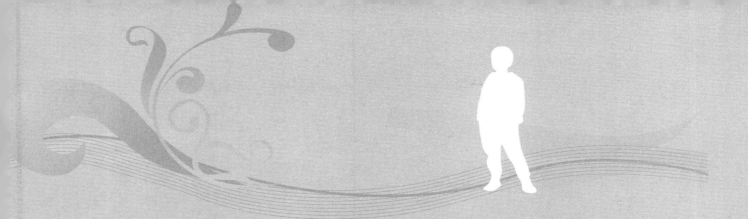

　　二、衬料 / 052

　　三、其他 / 053

第三章　制作童装需要的人体数据　057

第一节　测量工具及方法　/ 058
　　一、儿童身体测量的意义　/ 058
　　二、需要的测量工具　/ 058
　　三、测量要求　/ 058
　　四、测量方法　/ 060

第二节　人体简介　/ 060
　　一、儿童身体测量的基准点和基准线　/ 060
　　二、儿童身体测量的部位与方法　/ 063

第三节　儿童各年龄段人体号型　/ 069
　　一、童装的尺码号型　/ 069
　　二、童装常用尺码表　/ 072
　　三、常见童装款式尺寸标准　/ 073

第四章　童装裁剪方法　075

第一节　童装裁剪基本知识　/ 076
　　一、裙子纸样各部位名称及作用　/ 076
　　二、裤子纸样各部位名称及作用　/ 077
　　三、上衣纸样各部位名称及作用　/ 078
　　四、裁剪纸样　/ 079
　　五、服装制图代号　/ 080

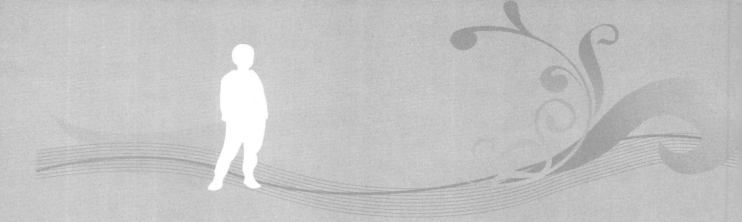

第二节　绘制童装纸样的工具及制图符号　/ 081
　　一、童装制图前期准备工具　/ 081
　　二、纸样符号　/ 084

第三节　童装各部位放松量的加放　/ 085
　　一、上衣各部位的加放量　/ 086
　　二、下装各部位加放量　/ 087

第五章　婴幼装裁剪纸样的绘制　089

第一节　婴幼套装裁剪纸样绘制　/ 090
　　一、夏日度假风女婴套装（上衣 + 短裤）　/ 090
　　二、欧洲复古风女婴连衣裙套装（上衣 + 背带短裙）　/ 093
　　三、浪漫风格女婴三件套（喇叭袖上衣 + 背心 + 喇叭裤）　/ 097
　　四、婴幼和尚服套装（上衣 + 开裆裤）　/ 102

第二节　女婴连衣裙、背心裙裁剪纸样绘制　/ 105
　　一、传统洋娃娃风格碎花连衣裙　/ 105
　　二、Q 版背带连衣裙　/ 108
　　三、英伦风格背心连衣裙　/ 110

第三节　婴幼哈衣裁剪纸样绘制　/ 112
　　一、装袖（弯夹）哈衣（男女通用）　/ 112
　　二、插肩袖（直夹）哈衣（男女通用）　/ 114
　　三、装袖连帽哈衣（男女通用）　/ 117

第四节　连体衣（包脚哈衣）裁剪纸样绘制　/ 119
　　一、装袖（弯夹）连袜连体衣（男女通用）　/ 119
　　二、插肩袖（直夹）连袜连体衣（男女通用）　/ 122

三、卡通装袖连袜连体衣（男女通用）／ 124

第五节　儿童配件裁剪纸样绘制　／ 126

　　一、睡袋／ 126

　　二、毯子／ 128

　　三、肚兜／ 129

　　四、围嘴／ 131

　　五、褓褛／ 132

　　六、手套（男女通用）／ 134

　　七、帽子（男女通用）／ 135

第六章　女童装的裁剪纸样绘制　137

第一节　中大女童套装裁剪纸样绘制　／ 138

　　一、春秋田园风中大女童套装（上衣＋长裤）／ 138

　　二、都市时尚风中大女童套装（上衣＋裙裤）／ 142

　　三、前卫帅酷风女大童套装（衬衣＋牛仔半身裙）／ 145

第二节　中大女童连衣裙裁剪纸样绘制　／ 149

　　一、中大女童碎花连衣裙／ 149

　　二、中大女童秋冬马甲连衣裙／ 152

　　三、中大女童无袖牛仔连衣裙／ 154

第三节　女童马甲、棉夹克、棉服裁剪纸样绘制　／ 156

　　一、女童马甲／ 156

　　二、女童棉夹克／ 158

　　三、女童背带裤／ 160

　　四、女童长款棉服／ 162

第七章　男童装的裁剪纸样绘制　165

第一节　中大男童衬衫裁剪纸样绘制 / 166
一、中大男童长袖衬衫 / 166
二、中大男童圆领衬衫 / 168
三、中大男童前短后长衬衫 / 170

第二节　中大男童T恤裁剪纸样绘制 / 173
一、中大男童圆领T恤 / 173
二、中大男童插肩袖T恤 / 175
三、中大男童Polo衫 / 177

第三节　中大男童裤子裁剪纸样绘制（短裤、长裤）/ 179
一、中大男童腰系绳短裤 / 179
二、中大男童牛仔短裤 / 181
三、中大男童休闲短裤 / 183
四、中大男童休闲长裤 / 185
五、中大男童牛仔长裤 / 187
六、中大男童运动长裤 / 190

第四节　马甲、夹克、棉服裁剪纸样绘制 / 193
一、男童马甲 / 193
二、男童夹克 / 195
三、男童短款棉服 / 198

第八章　童装缝制工艺　201

第一节　缝制的基础知识 / 202
一、童装缝制工具的准备 / 202

二、手缝简介 / 204
三、服装基本缝型介绍 / 205
四、熨烫工艺介绍 / 207

第二节　童装设计缝制的注意事项 / 208
一、我国儿童服装安全系列标准 / 209
二、专业术语 / 210
三、儿童服装绳带规范设计 / 211
四、其他配件安全规范 / 215
五、小部件脱落的安全要求 / 215

第三节　婴幼儿和尚服的缝制 / 216
一、上装缝制步骤介绍 / 217
二、下装缝制步骤介绍 / 219

第四节　儿童罩衫的缝制 / 222
一、儿童罩衫简介 / 222
二、罩衫制作过程 / 223

参考文献

第一章 童装简介

拿一根开心的针,

纫一根欢悦的线,

为宝宝缝制一件好运的衣裳,

缝上吉祥,

缝出祝愿,

愿所有的宝贝永远在爱的海洋里遨游,在幸福的天空翱翔!

第一节　童装的发展简史

一、童装的概念

童装即儿童服装，是指未成年人的服装，它包括婴儿服装、幼儿服装、学龄儿童服装以及少年儿童服装等。

一般来讲，儿童时期的划分是以从出生到15岁之间这段年龄为分界的。按照各个年龄阶段来分，可以分为婴儿期、幼儿期、小童期、中童期、大童期5个时期，如图1-1所示。

图1-1　儿童的5个时期

儿童与成人的不同之处在于：儿童时期是快速发育成长的时期，在形态和机能方面不能简单归结为成人的缩小体，随着成长和发育，儿童身体各部位的比例逐渐趋向于成年人体。所以，童装并不是成人服装简单比例的缩小，而是由其自身特点来决定的。由于儿童的心理发育不成熟，但具有强烈的好奇心，对周边世界的探索心理和猎奇心理较强，而且儿童的身体发育快、变化大，所以童装设计比成年服装设计更强调安全性、美观性、功能性，如图1-2所示。

图1-2　童装的要求

二、欧洲童装的发展演变简介

1. 古代童装

古代欧洲最具代表性的童装莫过于古希腊和古罗马童装,受限于当时的生产力发展水平,成人服装流行样式大多表现为将裁成整块的衣料披缠于身,童装的形制几乎全部取自于当时流行的披挂式或围裹式的成人服装,只是在尺寸上相应地缩小了比例,如图1-3、图1-4所示。

图1-3 围裹式童装

图1-4 披挂式童装

中世纪时期,欧洲处于封建时期,人们的思想受宗教的影响颇深,儿童服装形制的象征意义逐渐凸显,宽大而遮盖性强的袍服代替了传统披挂围裹式的服装,且成为了童装的主要形式,服装从平面状态向立体裁剪发展。童装基本沿袭古代以借鉴成人装为主,但样式略为简洁,如图1-5所示。

图1-5 中世纪童装

2. 近代童装

(1)文艺复兴时期的童装。文艺复兴时期的服装流行矫饰,这种矫饰极大地影响了童装。女童到了10岁左右必须穿戴有拉夫领的波蒂克,更小的女童也需要穿着颈处与腕处有大量褶边装饰的外衣,以显示与成人相似的着装特征。这种明显不利于儿童生理发展的成人着装样式由于父母的意愿而流行于童装领域,且与成人装相似,也有大量的装饰,如刺绣、蕾丝等。文艺复兴时期矫饰极致的小大人形象一直围绕在男女童流行的着装表现上，儿童少有自己的服饰语言。这种成人装极度影响童装的现象持续了300年左右，在18世纪终于有所突破，如图1-6所示。

图1-6　文艺复兴时期的童装

（2）18～19世纪童装（图1-7）。这一时期是充满动荡的资本主义全面发展时期，也是人们思想启蒙的时期。启蒙思想家卢梭在其教育名著《爱弥儿》中倡导对孩子的自由平等教育。整个社会对待儿童的态度也开始改变，巴洛克洛可可式浮华堆砌的童装逐渐被摒弃，儿童不再是用来陈列漂亮面料的玩偶或盛装展示巴黎时尚的模特，而是作为拥有自己着装需求的独立个体。童装继续模仿成人装，但加入了适量的舒适和实用性，有了自己的样式特征。18世纪末的代表性童装款式"连裤衣"。是由一件短上衣（夹克上衣或衬衣）和高腰长裤组成。"连裤衣"被看作是最早的专门为儿童设计的款式之一，是现代童装的起源，与成人服装截然不同。哈衣（连身衣）就是以此为原型的，如图1-8所示。

图1-7　18～19世纪的童装

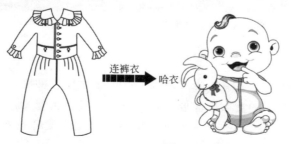

图1-8　哈衣的产生

19世纪末,西方童装终于开始有别于成人服装,他们穿校服,比如所有的女生都穿着褐色的裙装、深色高系扣鞋和深色袜子。儿童服装简洁化、舒适化成为趋势,社会先驱的倡导和法国大革命等社会和文化事件也推动童装真正地从成人服装中独立出来,追求健康、运动和自然的儿童服装逐渐成为主流。

18~19世纪是童装开始独立分化的阶段,其丰富的样式特征为20世纪童装更为多样化拉开了序幕。

3. 现代童装

第一次世界大战推动人们的生活方式发生变革,服装也变得简单。时尚风气发生了跨越性的变化,转而追求运动、健康和自然,这种风尚伴随迅速成长的成衣工业,使成人的服装现代化,这给童装带来了直接的变革。童装有了更多的自己的时尚语汇,且不同时期有不同的样式表现,如20世纪20年代男童的白衬衫萝卜裤组合,20世纪30年代女童的泡泡袖及膝连衣裙等,如图1-9所示。

图1-9 20世纪前期的童装

美国著名童星"秀兰·邓波儿"(Shirley Temple),是20世纪30年代最"潮"的童星,她的着装风格令大街上随处可见"秀兰·邓波儿"的万千翻版。如今时装圈里交替流行的复古波点蓬蓬裙、透视装、中性风、运动元素、拼接潮之类的,早在80年前就被"秀兰·邓波儿"以最潮童装造型展示过。"秀兰·邓波儿"品牌拥有了服装、手套、泳装等诸多系列,对美国儿童衣饰时尚产生了深远的影响,如图1-10所示。

图1-10 20世纪童星"秀兰·邓波儿"

《童年的商业化:儿童服装业及幼儿消费者的兴起》一书中写道,也许从前的人们并不把幼儿看作是有性别的独立个体,其需求通常都依母亲的喜好而定;而随着"秀兰·邓波儿"看似拉长的幼儿阶段被电影和广告定格,市场的风向也从1930年开始转变,人们越发意识到,再年幼的儿童都是独立的个体,其个性也不可掩盖在千篇一律的幼儿服装之下。到了今天,在好莱坞及迪士尼童星的推波助澜下,童装产业已然成为全球服装产业中最重要的收入源之一。第二次世界大战结束后，人口集聚上升，给资本主义商业也带来了巨大的商机。国外童装业发展繁荣于20世纪中叶，之后进入了一个平缓的增长期，如图1-11所示。

图1-11　20世纪后期的童装

现代童装从那时起变得真正实用、舒适起来，款式特性也多元化。令人眩目的科技发展，纷繁的现代艺术与后现代艺术，这些因素深刻地影响着生产生活，童装的形式随之发生了巨大的变革。数码印花、新型纤维和科技面料的出现给童装设计师们以更多、更优的选择。随着全球化的进程不断深入，童装融合各国元素创新发展成为了趋势。同时，在现代社会家庭结构发生改变，西方国家生育率逐年递减，整个社会对儿童的重视程度也不断提高，童装市场随之趋向于专业化、产业化。安全性、舒适性和设计美观性成为了童装设计发展的方向。

三、中国童装的发展演变简介

1. 古代童装

中国古代童装与成人装最大的区别是：童装更多地寄托了长辈对孩子的爱和祝福，如肚兜、和尚衣、百家衣等，体现了父母长辈希望这些服装能给孩子带来平安和保佑。

肚兜的来源可追溯到天地混沌初开之时，流行于魏晋南北朝，又名抹胸，是中国传统服饰中护胸腹的贴身内衣，通常用颜色鲜艳的罗绢制作。肚兜形制虽有繁简之别，但全都只有前片，没有后片，穿时后背裸露；下角有的为尖状，有的为圆形。肚兜上常有印花和绣花图案，印花流行的多是蓝印花等吉祥图案，绣花多是中国民间传说或一些民俗讲究，如刘海戏金蟾、喜鹊登梅、鸳鸯戏水、莲花以及其他花卉草虫，大多是趋吉避凶、吉祥幸福主题的，如图1-12所示。

图1-12　中国古代的肚兜

古代新生婴儿的服饰比较常见的是襁褓，从宫廷到民间，都曾广泛应用。襁褓作为古老的育儿用品，早在商周时期已得到普遍使用，如图1-13所示。襁是以布幅等物做成的布兜或宽带子，用以背负小儿；褓是小儿的被子，用以裹覆小儿。后来借指未满周岁的婴儿。《玉篇·衣部》说："襁褓，负儿衣也。织缕为之，广八寸，长二尺，以负儿于背上也。"襁褓平时可用于绑住婴儿的身体，民间认为这样可让身材发育得挺拔。

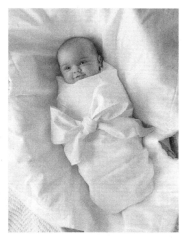

图1-13　古代婴儿的襁褓

《诗经》中有从出生对男孩女孩着装的阐述：乃生男子，载寝之床，载衣之裳，载弄之璋。乃生女子，载寝之地，载衣之裼，载弄之瓦。这是说，生下男孩来，要给他穿上作为礼服的裙子，让他在床上玩弄玉制礼器，这里强调的是让男孩一降生便了解礼仪。生下女孩来，就给她围上胞被，让她在地上的席子上玩陶纺轮，也就是让她一来到这个世界就知道女性要从事纺织等女红活儿。如图1-14所示。

陶纺轮转出人类文明

图1-14　古代对男孩女孩的着装要求

中国古代儿童服饰有多民族的唐代儿童服饰、有品位的宋代儿童服饰、游牧文化的辽夏金元儿童服饰、融合的明清儿童服饰。儿童服饰产生的变化，一般都是在强调其实用性的基础上，而进行有目的地取舍。如唐代的背带裤，款式简洁、功能适用，并满足儿童生理特点的需求；宋代常穿的服饰为"对襟短衫"，其长度及臀，两侧底边开衩，对襟衫胸前可系带也可巧襟，并有长袖、短袖、无袖之分；明清时期的儿童服饰真正展现出集多民族文化于一体的风貌。明清时期儿童多着衣长不等的交领或圆领衫，下着裤，腰间系带；还有短袖及无袖对襟短衫、褙子、肚兜、开裆裤、靴等；比甲、马甲、风帽、瓜皮帽等被儿童普遍使用。还经常会有儿童身着"百家衣"的情景。据说是受佛教服饰的影响。中国古代儿童服饰在款式上大多借鉴成人服饰的形制，但成人在制作儿童服饰时，又需根据儿童的生理特点进行适当地调整，有着与成人服饰不同的发展规律和特征。儿童因其生理特点、生存环境、社会地位等与成人相异，因此其服饰演变的规律也有别于成人，而自成一体。中国古代儿童服饰发展的轨迹，更多是受民族习俗、社会风尚的影响。

古代儿童服饰在款式、造型方面有其独特之处，以实用、美观为主。在中国服饰文化的发展中，古代儿童服饰逐渐形成具有地域特点、民俗传统、宗教内容的文化特征，同时，人们通过儿童服饰传达着传统文化理念以及对儿童的关爱和寄予的美好愿望，从而形成独具特色的服饰内容，如图1-15所示。

图1-15　中国古代的童装

古代一些童装中特有的成分被农家继承下来，我们会看到虎头帽与虎鞋、屁股帘儿和百家衣。帽子是中原汉族传统的儿童服饰之一，可用来御寒保暖。考古发掘资料显示，唐代儿童所戴帽子有类似后世瓜皮帽的无檐圆帽、尖顶带檐帽、虎头帽等。虎头帽作为中国传统儿童服饰中比较典型的一种童帽样式，最初并非为儿童专用，唐代虎头帽已被用作童帽。"百家衣"又称"百衲衣"，是一种将碎布块缝缀在一起的拼布童衣。在汉族一些地区，民间流行着新生婴儿要穿"百家衣"的习俗。这种为了祝福婴儿祛病免灾、长命百岁的百家衣，是在婴儿诞生后不久，由产妇的亲友到乡邻四舍逐户索要的五颜六色小块布条，拿回来后拼制而成的。向百家索布块，可能源于氏族文化遗风，认为婴儿在众家百姓，特别是长寿老人的赠予下，可以健康地成长，如图1-16所示。

图1-16　中国古代民俗儿童服饰

2. 近代童装

在20世纪初，由于经济上的匮乏，童装注重的是功能设计，一件衣服大孩子穿完小孩子穿，色彩暗淡，款式简单、陈旧，谈不上儿童身心发育和童装文化的体现。20世纪50年代以后，全国处于经济发展的起步阶段，全社会流行朴素美，在穿着上更趋于实用、结实，服装款式以布拉吉、工装裤、背带裙、中山装、罩衣为主。色彩上是蓝、灰、黑。20世纪60年代，服装款式主要是绿军装、花布衬衣、灯芯绒、蝴蝶结。女童装都是巧手的妈妈们做的小花服装。20世纪70年代，巧手妈妈"临摹"杂志上的时髦样式给孩子做出各式的新衣，海魂衫、娃娃衫、泡泡袖的连衣裙和各种各样的漂亮又温暖的毛衣，服装款式以海魂衫、的确良白衬衣、编织毛衣、连衣裙为主。20世纪80年代，我国童装迎来了百花齐放的春天，服装款式以喇叭裤、红裙子、塑料凉鞋、蓝白校服为主。20世纪90年代，孩子们再也不用等到过年才会有新衣穿，衣服款式丰富，面料讲究。如图1-17所示。

图1-17 中国近代服装制作的发展

把自己的孩子打扮得美美的，是很多妈妈的一项重要任务，孩子们开始有了对美的了解。每个女孩儿都有与生俱来的公主梦想！20世纪90年代男孩儿们很流行穿各种卡通图案的T恤衫或套衫，动画人物在童装产业中发挥了能量，服装款式以纱裙、艺术照、校服、卡通T恤为主，如图1-18所示。

图1-18 中国近代的童装

新世纪童装发展进入了"个性化"的时代，随着对外贸易的加强，国外的童装流行时尚元素迅速地占据了人们的审美：欧美、日韩的外贸童装几乎垄断了整个童装市场！应运而生的网购也为崇尚欧美、日韩风格童装的妈妈们提供了很多的方便。童装在款式、色彩、样式等方面呈现出多样化，同时在童装的设计与制作上也开始考虑到儿童的身心特点，使他们既美观大方又易于活动。事实上，儿童的心里特点是变化多端的，比如不同岁数的儿童或同样岁数的儿童，男童与女童对服装款式、色彩、图案以及如何方便穿着等感受是不同的。如果对此进行仔细地研究，并有针对性地开发出适合他们的服装，对这个年龄段的孩子认知世界和感受世界是非常有帮助的，同时关注童装所包含的文化内涵以及由此而产生的教育功能，品牌化将成为目前童装产业发展的最主要特征。

3. 童装的发展

我国童装因为起步晚，目前仍处于快速发展的成长期。而且大多以中小企业为主，童装市场处于两极分化的状态，如图1-19所示。

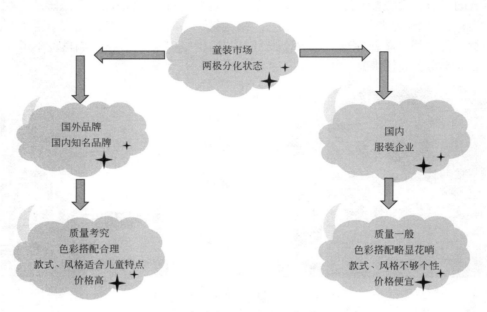

图1-19　中国童装的现状

童装市场发展的不平衡大大抑制了市场的购买力。童装市场品牌众多，专业童装品牌与成人装延伸品牌共同竞争。相对童装市场快速增长的高成长性，成人服装市场趋于成熟。众多国内外成人服装品牌企业纷纷进入童装市场，行业竞争愈加激烈。国际品牌多定位于高端童装市场，其中成人运动品牌延伸的儿童服装阿迪达斯儿童（Adidas Kids）、耐克儿童（Nike Kids）等品牌主要以运动功能童装为主；有的品牌注重高端时尚童装。

人口政策首先引起我国新生儿数量的加速上涨，由此导致童装市场规模的扩张主要体现在婴幼儿服饰上，接下来逐渐会迎来我国大童装的增长，也会逐步迎来加速增长，如图1-20所示。

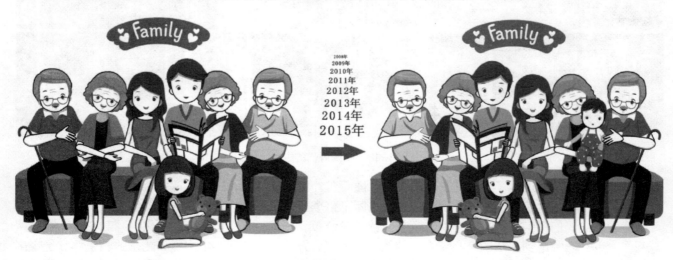

图1-20　我国家庭结构的新变化

从价格维度来看，童装可以划分为四类：奢侈品品牌、高端品牌、中高端品牌和低端品牌，如图1-21所示。

范思哲童装　　　　阿玛尼童装　　　　宝英宝童装　　　　小笑牛童装
　奢侈品品牌　　　　　　　　　　　　　高端品牌

图1-21　价格维度服装分类

近年来，全球时尚童装市场的蓬勃发展似乎免疫于全球经济放缓的影响，众多奢侈品品牌的多个品类销售不利，而童装市场却一直蒸蒸日上。总的来看，日益富裕的父母们、高出生率、时尚潮流对消费者的影响日益增强、家庭收入增长产生更多的闲钱，都促进全球时尚童装市场前景一片大好，如图1-22～图1-24所示。

图1-22　童星代言

图1-23　国际知名童装品牌

图1-24　国内知名童装品牌

第二节 常见的童装种类及款式

一、不同年龄段的童装种类

童装可以分为婴儿装（0～1岁）、幼儿装（1～3岁）、小童装（4～6岁）、中童装（7～12岁）和大童装（13～15岁）。下面介绍不同的年龄阶段对应的不同款式，便于家长们系统地认识和学习，以备日后为宝贝购买和制作服装提供参考。

（一）婴幼儿阶段

1. 婴儿时期

小宝宝从出生到周岁之内为婴儿时期，这一时期是宝宝身体发育最显著的时期。宝宝头大身体小，腿短且向内侧呈弧度弯曲，头围和胸围的尺寸是接近的，肩宽与臀围的一半接近。在婴儿时期，宝宝一般不会行走。宝宝在出生后的2～3个月内，身长可增加10厘米，体重则成倍增加。到1周岁时，身长约增加1.5倍，体重约增加3倍，这一时期，婴儿的运动量增加，活动机能也变得越来越发达，10～13个月能学会走路或独立行走。

婴儿在前期的时候基本上保持睡眠状态，这一时期宝宝的主要特点是睡眠多、发汗多、排泄次数多、皮肤细嫩，所以在服装的选择上尽量选择面料柔软，吸湿透气性好，方便更换尿布的服装。

2. 幼儿时期

随着年龄的增长，宝宝的服装从婴儿服转变为幼儿服。宝宝在这个时期的体重和身高都在迅速发展。孩子的体型特点是头部大，身高约4个头长。宝宝的体型特征为脖子较短、四肢短小、肚子鼓鼓的、身体前挺的凸肚体。男女宝宝基本没有较大的形体差别。这一时期的孩子对外面的世界充满了好奇，比较好动，这个时期也是心理发育的启蒙时期。因此，服装要方便更换和清洁，也要适当加入服装颜色和图案上的性别倾向。

婴幼儿常见的服装及服饰款式见表1-1。

表1-1　婴幼儿常见服装及服饰款式

名称	图示	名称	图示
抱被	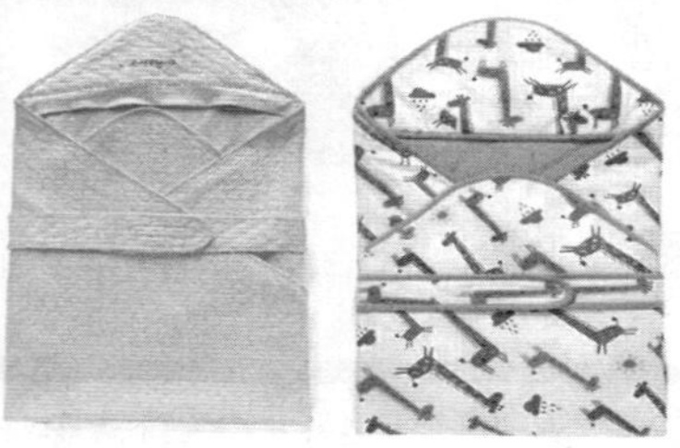	斗篷	
睡袋		组合套装	

续表

名称	图示	名称	图示
爬爬服		马甲	
围嘴		棉衣裤	
肚兜	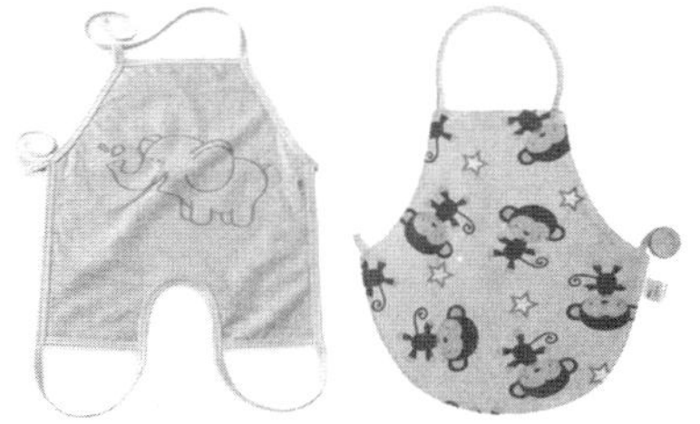	睡袍	

（二）小童阶段

可爱的孩子在4～6岁的时候正处于学龄前期，又称幼儿园期，俗称小童期。宝宝这一阶段身高增长较快，而胸围和腰围相对增长较慢一些，4岁以后宝宝的身长已有5～6个头长了，但胸、腰、臀三部位的围度尺寸相差不大。在这个时期宝宝的智力、体力发展得都很快，运动量也会增加，喜欢蹦蹦跳跳，语言表达能力也有很大的提高，男宝宝与女宝宝在性格上也凸显出了一些差异。在为这一年龄段的宝宝选择服装时要方便活动，更加注重服装的安全性。小童常见服装款式见表1-2。

表1-2 小童常见服装款式

名称	图示	名称	图示
短袖衬衣		T恤衫	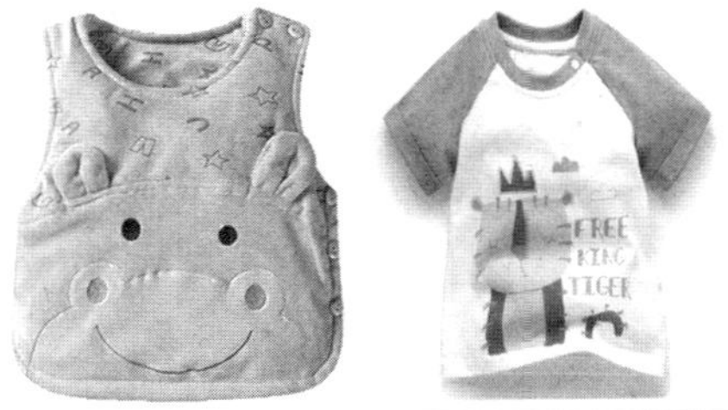
连衣裙		夹克外套	

续表

名称	图示	名称	图示
背带裤	 	大衣	 
罩衫	 	卫衣	 

（三）中大童阶段

1. 中童时期

中童期，也称小学生时期。此时的儿童生长速度逐渐减缓，体型也变得匀称起来，圆鼓鼓的小肚子逐渐消失，手脚增大，身高为头长的6~6.5倍，腰身也变得明显起来，臀腿变长。男女的性别差异也变得日益明显，女孩子在这个时期开始出现胸围与腰围差，即腰围比胸围细。这个阶段是孩子运动机能和智能发展显著的时期，孩子在这个时期逐渐脱离了幼稚感，有一定的想象力和判断力，但还没有形成独立的观点。同时，现代儿童由于接触新鲜事物逐渐增多，成熟较早，对服装也有了自己独特的看法和喜好。

2. 大童时期

大童期，又称少年期。这一时期的少年，身体和精神发育成长都比较明显，也是少年期逐渐向青春期转变的时期。这个时期学生的体型变化很快，身头比例大约为7∶1，性别特征明显，差距拉大。女孩子胸部开始丰满起来，臀部的脂肪开始增多，骨盆增宽，腰部相对显细，腿部显得有弹性。男孩的肩部变平变窄，臀部相对显窄，手脚变长变大，身高、胸围、体重也明显增加。不过，他们的身材仍然比较单薄。在服装的穿着上，他们这些"小大人"已经有了自己的选择和审美，在服装上喜欢扮"酷"，开始喜欢标新立异、与众不同。

中大童服装常见款式见表1-3。

表1-3 中大童服装常见款式

名称	图示	名称	图示
背带裙	 	圆领运动衣	 

续表

名称	图示	名称	图示
短裙		西服上衣	
衬衣		裤子	
毛衫		背心	
运动服		开衫	

二、婴儿装设计

婴儿期是人一生中身体最娇嫩脆弱的时期,这一阶段的宝宝需要有更多的呵护和悉心照料。

(一)造型

婴儿装造型简单,以方便舒适为主,以便适应孩子的发育生长。新生宝宝尽量选择宽松肥大,便于穿脱的衣服。宝宝的服装采用扁平的带子扣系,尽可能不用纽扣或其他装饰物;也不宜在衣裤上使用松紧带,以保证衣服的平整光滑;不能有太多扣襻等装饰物,以免误食或划伤、硌伤肌肤。宝宝的颈部很短,以无领为宜。衣服、帽子或围嘴上面的绳带不宜过长,以免婴儿翻身或被成人抱起的时候缠住。裤门襟要开合得当,以便于家长们进行尿布的更换及清洁工作。由于尿不湿和尿布的围裹包缠,在裤子的围度和大腿围处要设计得宽松一些。

婴儿装品类一般有罩衣、连体衣、组合套装、披肩、斗篷、背心、睡袋、围嘴、帽子、围巾、袜子等。罩衣与围嘴可防止婴儿的口水与食物弄脏衣服,具有干净卫生、便于更换和清洗的作用。连体衣穿脱方便，婴儿穿着较舒适自如。睡袋、斗篷则可以保暖，也方便换尿布。

婴儿时期宝宝的服装特别注重舒适性、安全性和实用性（图1-25），还要考虑有利于宝宝活动和发育增长需要等因素，在款式上尽量简洁、平整、光滑。宽松的廓型有利于保护宝宝的皮肤与骨骼；连体式的宝宝服装可以很好地减少接缝，使服装更加平整光滑；宝宝头大颈短，适合采用较低的领型，以便儿童颈部活动；不适合采用套头的款式，以免造成穿脱不便；开门襟或斜襟的设计是比较合适的，但要避免粗硬的纽扣、拉链等划伤儿童稚嫩的肌肤。

图1-25　婴儿装造型

（二）面料

由于婴儿皮肤娇嫩，婴儿装面料应选择柔软宽松且具有良好伸缩性、吸湿性、透气性和保暖性的精纺天然纤维，以全棉织品为最佳（图1-26），如纯棉布、绒布等柔软的棉织物等。棉布的保暖性好，柔和贴身，吸湿性、透气性非常好，绒布手感柔软、保暖性强、无刺激性。另外，婴儿装也可以选用细布或府绸，其布面细密、柔软。婴儿装不能用硬质辅料，以免损伤婴儿皮肤。

图1-26　婴儿装面料

（三）结构与工艺

婴儿睡眠时间长且不会自行翻身，因此，衣服的结构设计应尽可能减少辑缝线，不宜设计有腰节线和装饰线，以免损伤皮肤。婴儿时期的宝宝没有自理能力，因此，婴儿装要强调结构的合理性和安全性。婴儿服结构设计应简洁舒适，穿脱方便，既注意造型的合体性，又注意扣系结构的合理应用（图1-27）。婴儿服开合的合理性在设计时是非常重要的，婴儿以平躺的姿势为主，所以开合门襟的设计应在前胸、肩部或侧面，以方便大人为孩子穿衣脱衣。婴儿装多使用交叉领或扁平带子设计，衣服只需缝一道侧缝线，十分柔软适体。

图1-27　婴儿装结构图

（四）图案

婴儿装上的图案比较简单，尽量选择温和、可爱的图案，色彩相对柔和淡雅（图1-28），但出于安全性考虑，对染色材料、工艺要求比较高。婴儿的体型特征十分可爱，用小动物、小玩具、植物花卉图案来装饰婴儿服，可增添天真和趣味。图案可装饰在口袋、领、前胸等部位，也可用在整件衣服上。

图1-28　婴儿装图案

三、幼儿装设计

宝宝在幼儿时期逐渐变得活泼好动，因此在服装的选择上也有了更多的要求。例如：服装的造型应便于活动，结构工艺更加坚实，面料也要具有一定的耐磨性。宝宝在幼儿时期还有强烈的好奇心，对服装的色彩、图案形象、装饰等开始有了自己潜意识中的喜好。幼儿装一般为1～3岁的宝宝穿着，这一时期的儿童成长迅速，身体发育较快，所以在款式设计上应该注重舒适性和安全性，同时也要注重服装的实用性和装饰性。在设计时，妈妈们可以根据自己的喜好融入相应的花边、贴补等简单的装饰，但不宜过分花哨，还是以安全为主，减少安全隐患。

（一）造型

幼儿装造型宽松活泼，轮廓以方型、长方形、A字形为宜。幼儿女装外轮廓多用A型，如连衣裙、小外套、小罩衫等，在肩部或前胸设计装饰线、褶、细褶裥等，使衣服从胸部向下展开，自然地覆盖住突出的腹部。幼儿男装外轮廓多用H型或O型，如T恤衫、灯笼裤等。

连衣裤、连衣裙、吊带裙、裤或背心裙等常见幼儿装的造型结构要便于幼儿活动，他们玩耍时做任何的动作，裤、裙也不会滑落下来。但是，连衣裤的整体装束常常需要家长的配合，免得宝宝自己穿脱不便。

由于幼儿对体温的调节不够敏感，常需成人帮助及时添加或脱去衣服，因此，这类连衣裤、连衣裙的上装或背心的设计十分重要，既要求穿脱方便，也要求美观有趣。另外，在幼儿期的宝宝开始学习走路和说话，在行为控制能力上相对较差，幼儿装设计时要考虑安全和卫生功能。比如，低龄幼儿走路都不太稳，因此，幼儿的裤脚不宜太长，鞋子也少使用带子，以免把孩子绊倒。再者，幼儿对服装上任何醒目的东西都会感兴趣，因此服装上的小部件或装饰要牢固，造型、材料也要少使用金属、硬塑料等，以免幼儿塞进嘴里造成伤害。宝宝对口袋有特别的喜爱，喜欢把一些东西当成宝贝藏入口袋，这是孩子们的天性。口袋的设计以贴袋为最佳选择，袋口应较牢固。口袋形状可以设计为花、叶、动物以及一些不规则的形状，也可装饰成花篮、杯子、文字形等，这样既实用又富有趣味性。如图1-29所示。

幼儿装品类一般有罩衫、两用衫、裙套装或裤套装、背带裤、背心裙、派克服、羽绒服、衬衫、毛衣、绒线帽、运动鞋、皮鞋、学步鞋等。

（二）面料

幼儿天生好动，因此幼儿装穿在身上应比较舒适和便于活动。幼儿装面料要耐磨耐穿、耐脏易洗。夏天可选用吸湿性强、透气性好的棉麻纱布，尤其是各类高支纱针织面料，更柔软、吸湿，如全棉织品中的细布、府绸、泡泡纱、涤棉细布、涤棉巴厘纱等。秋冬宜采用保暖性好的针织面料，全棉或棉混纺皆可，比如可采用全棉的针织布或灯芯线，也可选用柔软易洗的棉与化纤混纺面料，比如女绒呢、平绒、多色卡其布、中长花呢等。而且这个年龄段的儿童通常有随地坐、到处蹭的习惯，所以膝盖、肘部等关键部位经常选用涤卡、斜纹布、灯芯绒等面料进行拼接，这样可以增加耐磨性，如图1-30所示。

图1-29　幼儿装造型　　　　　　　　　　图1-30　幼儿装面料

（三）结构与工艺

幼儿装的结构设计应考虑实用功能。门襟开合的位置与尺寸需合理，多数设计在正前方位置，并使用全开合的扣系方法。宝宝的颈短，不宜在领口上设计烦琐的领形和复杂的花边，领子应平坦而柔软。春、秋、冬季使用小圆领、方领、圆盘领等闭合领，夏季可用敞开的V字领和大小圆领等，有硬领座的立领不宜使用。幼儿的肚子圆鼓鼓的，所以腰部很少使用腰线，基本没有省道处理。幼儿好动，服装制作时缝线要牢固，以免活动时服装开裂，如图1-31所示。

图1-31　幼儿装结构

（四）图案

幼儿装是童装中最能体现装饰趣味的服装。幼儿装上的装饰图案十分丰富，有人物、动物、花草、景物、玩具、文字等。所有儿童喜欢的动画片里的卡通形象都可以作为装饰图案用于幼儿装，比如孙悟空、圣诞老人、米老鼠、唐老鸭等儿童喜闻乐见的动画人物（图1-32），这些图案特别容易让儿童瞬间喜欢上某一件服装。甚至有些幼儿在节日或舞台上穿着的盛装还经常从造型上直接做成某一种让儿童喜欢的动物或人物形象。

图1-32　幼儿装图案

四、小童装设计

小童装设计的整体要求与幼儿装很相似，只是性别差异逐渐变得明显起来。随着宝宝对事物的认知越来越多，以及自我个性的发展，对服装上视觉性设计元素的喜好也有了更明显的喜好。女宝宝的服装更加注重装饰，如蝴蝶结、卡通、花边、缎带等装饰元素；男宝宝的服装款式比较简洁，比较注重色彩和图案的表现。小童装款式种类主要包括T恤、针织衫、连衣裙、卫衣、运动服、外套等，多以上下装分开和内外搭配的套装组合形式出现。

小童装适合4～6岁的宝宝穿着。这一时期宝宝的体型特征仍然是凸肚体，自控能力有所提高，有一定的生活自理能力，在心理发育上已有一些思维活动和主见，在设计时除了要考虑其生理发育特征外，还需要开始注重服装对孩子心理发育的影响，有利于孩子健康成长。

（一）造型

小童装造型与幼儿装的造型比较相似，造型也比较宽松。连衣裙、连衣裤、吊带裙、背心裙是小童装的常用造型。小童装的服装廓形常使用H形、A形或O形，小童女装如连衣裙、外套等有时也使用X形。这个年龄段的儿童可以使用多种装饰手法，既可以有婴幼儿活泼随意的装饰，但因其有了一定的自理能力，在结构处理和装饰处理上又可以多讲究一点装饰性，增加服装的审美性。由于这时期男孩儿与女孩儿在性格上出现了一些差异，因此，男女童服装的设计开始出现较明显的差别。从造型轮廓上来看，男童经常使用直线型轮廓以显示小男子汉的气概，而女孩则多使用曲线型显示女孩的娇弱文静；从细节上看，女童装的装饰设计可以使服装更加优雅，男童的服装则简单大方。

小童装品种有女童的连衣裙、背带裙、短裙、短裤、衬衣、外套、大衣，男童的圆领运动衫、衬衣、夹克衫、外套、长西裤装、短西裤装、背心、大衣等。这类服装既可作为幼儿园校服用，也可以作为日常服装穿着。如图1-33所示。

（二）面料

小童装面料以纯棉起绒针织布、纯棉布、灯芯绒及涤棉混纺布居多。一般夏日可用泡泡纱、纯棉细布、条格布、色织布、麻纱布等透气性好、吸湿性强的布料，使孩子穿着凉爽。秋冬季宜用保暖性好、耐洗耐穿的灯芯绒、纱卡斜纹布等。还可运用面料的几何图案进行变化，如用条格布作间隔拼接。如果用细条灯芯绒与皮革等不同质地的面料镶拼，也能产生十分有趣味儿的设计效果，如图1-34所示。

（三）结构与工艺

小童已进入幼儿园过集体生活，已懂得自己根据需要穿脱衣服，因此，小童装在结构设计时要考虑孩子自己穿脱方便，上下装分开的形式比较多。服装的开口或扣系物应设计在正面或侧面比较容易看得到摸得着的地方，并适量加大开口尺寸，扣系物要安全易使用。小童期儿童活动量大，服装从结构上讲都需要有适当的放松量，但是下摆、袖口、裤脚口不宜过于肥大，且袖长、裙长、裤长不宜太长，防止孩子走动时被绊倒或勾住其他东西。小童的服装在腰腹部可适当做收腰处理。小童的西服上衣在前身呈上小下大的结构，利用分割线在胸围线处收腰，在腰围线以下放开，前身不设腰省，如图1-35所示。

（四）图案

为适应小童期儿童的心里，在服装上经常使用一些趣味儿性、知识性的图案，装饰图案十分丰富，有人物、动物、花草、景物、玩具、文字等。取材经常带有神话和童话色彩，以动画形式表现，具有浪漫天真的童趣性。而五六岁的孩子求知欲强，好问，对动画片特别感兴趣，则可以在服装上使用在儿童中正流行的卡通片、动画片里的人物和动物做图案装饰，如图1-36所示。

五、中童装设计

中童已进入小学了，因此中童装的设计既要考虑到日常生活的需要，还应考虑到学校集体生活的需要，能适应课堂和课外活动的特点。

（一）造型

中童装总的服装造型以休闲运动为主，可以考

图1-33　小童装造型

图1-34　小童装面料

图1-35　小童装造型

图1-36　小童装图案

虑体型因素而收省道。款式设计不宜过于烦琐、华丽，以免影响学习生活和引起攀比心理，设计既要适应时代需要，但也不宜过于赶潮流。设计男女童装时不能拿儿童体型的共性去考虑，男女童装有了明显的划分。女童服装可采用X型、H型、A型等外轮廓造型，连衣裙分割线也更加接近人体自然部位；男童装外形可以O型、H型为主。针织T恤衫、背心裙、夹克、运动衫、组合搭配套装都极为适宜。同时，校服也是该阶段儿童在校的主要服装，如图1-37所示。

图1-37　中童装造型

（二）面料

中童装在面料的选择上范围比较广，天然纤维和化学纤维织物均可使用。内衣及连衣裙可选用棉织物，因为此类面料吸湿性强，透气性好，悬垂性大，对皮肤具有良好的保护作用；而外衣则可选用水洗布、棉布、麻纱等面料，要求质轻、结实、耐洗、不褪色、缩水性小。各类混纺织物也可使用，混纺织物质地高雅、美观大方、易洗涤、易干燥，弹性较好，比如色织涤棉细布、中长花呢、灯芯绒、劳动布、坚固呢、涤纶、哔叽等都适宜制作中童装。天然纤维与化学纤维两者组合搭配，还可以产生肌理对比、软硬对比、厚薄对比等不同对比效果，如图1-38所示。

图1-38　中童装面料

（三）结构与工艺

中童时期的男女童装不仅在品种上有区别，在规格尺寸上也开始分道扬镳，局部造型也有明显的男女差别。女童开始出现胸腰差，考虑到体型因素可以收省道。此外，由于儿童的活动量较大，因此款式结构的坚牢度是设计中应考虑的要素之一，如图1-39所示。

中童装一般采用组合形式的服装，以上衣、罩衫、背心、裙子、长裤等搭配组合为宜。

图1-39　中童装结构

（四）图案

年龄处于中童期的儿童以学习生活为主，在图案装饰上不宜过于烦琐和过分追求华贵，而要突出合体、干净、利落的精神，从而培养孩子们的集体观念和纪律观念。常采用一些标识图案如字母、小花、小动物等装饰点缀，或采用一些色块的拼接使用，细部的花边、刺绣、流苏、搭扣、拉链、蝴蝶结、镶边等也经常使用，且往往会起到画龙点睛的效果，如图1-40所示。

图1-40　中童装图案

六、大童（少年）装设计

大童装介于青年装和儿童装之间，特点较模糊，而且大童个性倾向比较明显，所以，大童装是所有年龄段童装中比较难设计的。

（一）造型

大童已经是家长眼中懂事的大孩子了，中小童的服装款式过于天真稚气；如果服装款式太过成人化，就缺少了少年儿童的生气和活泼。因此，设计师要充分观察掌握少年儿童的生理和心理的变化特征，掌握他们的衣着审美需求，这样才能设计出符合青少年审美的服装。要在设计中有意识地培养他们的审美观念，指导他们根据目的和场合选择适合自己年龄阶段的服装。校服是大童这一时期的典型服装。

少女装在廓形上可以有梯形、长方形、X形等近似成人的轮廓造型。少女时期选择中腰X形的造型能体现出少女的身姿，上身适体而略显腰身，下裙展开，这类款式具有利落、活泼的特点。为使穿着时行动方便，以及整体效果显得干净利落，袖子结构比较合体，可使用平装袖、落肩袖、插肩袖等。少女的袖子造型多数用泡泡袖、衬衫袖、荷叶袖等。

男学童在心理上希望具有男子汉气概，给人一种阳光帅气的感觉。男生日常运动与游戏的范围也越来越广泛，如踢足球、打篮球、骑自行车等，男学童的服装通常由T恤衫或衬衫、西式长裤、短裤或牛仔裤组合而成，或者牛仔裤与针织衫配穿、牛仔裤与印花衬衫配穿，既时尚又符合学生的需求。此外，运动衣的上装配宽松长裤也很受青睐。春秋可加夹克衫、毛线背心、毛衣或灯芯绒外套等，冬季则改为棉衣。衬衫与裤装均采用前门襟开合，与成人衣裤相同。外套以插肩袖、落肩袖、装袖为主，袖窿较宽松自如，以利于日常运动。服装款式应大方简洁，不宜加上过多的装饰，如图1-41所示。

（二）面料

大童装可选用的材料很多，由于服装的功能不同，面料的性质也会随之变化。居家服通常以天然纤维面料为主，如丝、棉等；外出服或校服的面料则采用化纤织物。此外，牛仔面料也是这一时期童装的主要面料，会受到学生们的青睐。为了适应人体增长迅速的特点，大童装的价位不宜太高。如图1-42所示。

图1-41　大童装造型

图1-42　大童装面料

（三）结构与工艺

随着年龄的增长，大童的体型已经接近成年人，服装结构也接近成年人的服装。大童已经有较强的个性，要求服装款式新颖并且符合潮流，能更好地表现出少男少女朝气蓬勃的气质。大童时期，孩子们的活动量增大，服装工艺上还是要讲究牢固、实用。因此，大童装的结构设计放松量相对较大，臀部、膝盖、肩部经常使用一些比较宽松的设计，还经常使用各种分割和拼接；在经常磨到的位置如膝盖、胳膊肘等部位常使用一些耐磨、加固工艺设计，比如使用衍缝工艺、双层设计等，大童装的各种纯装饰性工艺已经较少，如图1-43所示。

图1-43　大童装结构

(四) 图案

大童装图案类装饰大大减少，局部造型应以简洁为宜，可以适当增添不同用途的服装。大童的心理相对比较成熟，学生装则经常用学校的校名徽志等具有标志性的图案进行装饰，图案精巧、简洁，位置多安排在前胸袋、领角、袖克夫等明显的部位。日常服装图案则基本可以借鉴成年人服装图案的设计。装饰的手法多数采用机绣、电脑绣、贴绣等，带有较强的现代装饰情趣，如图1-44所示。

图1-44　大童装图案

第三节　近年来童装流行趋势

一、春夏童装流行趋势

(一) 流行色彩

1. 近年来的流行色彩

在了解流行色彩之前我们需要了解冷色和暖色，那么如何区分色彩的冷暖呢？这里有一个小诀窍分享给各位妈妈。"BY理论"是区分色彩冷暖的主要根据："B"是指"blue"，译为蓝色，色彩中含有蓝色调的色彩为冷色调，比如藏蓝色、湖蓝色等，其中柠檬黄、玫红色也属于冷色；"Y"是指"yellow"，译为黄色，色彩中含有黄色调的色彩为暖色调，比如橘色、棕色等。区分冷暖色调不仅能在服饰搭配上获得帮助，在生活用品、室内家装中也可获得不小的帮助。

（1）净透清爽的冷色。以净透清爽的颜色作为底色，比如深蓝色、玫红色，冷色调为夏季注入丝丝凉意；使用超饱和的红色调，如红色、粉色、紫色，打造拼接和碰撞效果；春夏的自然色——绿色给万物生长的季节带来生机；同色系的钴蓝色、淡蓝色进行搭配，休闲而又充满活力，如图1-45所示。

（2）明快俏皮的亮色。抢眼的色彩宣扬个性。亮色主要有两种不同的方向构成：一种是柔和的天然色，如绿色、蓝绿色等自然色；另一种是醒目的抢眼色调，如红、黄、蓝三原色的回归，甜美的粉色具有强烈的动感。两种不同风格的颜色都俏皮可爱，充满活力、青春和个性，如图1-46所示。

（3）宁静柔和的暖色。海底绿色和蓝色是代表自然的冷色，琥珀灰珊瑚熔岩、铁红色等日落色系是代表自然的暖色；用野生茄紫色、木材烟雾色、甘蓝色和深水色等原始质朴的深色打底，致使整体搭配效果显得质朴、温馨。同时，粉蜡色被用作提亮色，也是代表潮流的中性色，男女宝宝都适宜，如图1-47所示。

2. 不同阶段的童装专属色

（1）婴幼儿服装色彩。宝宝们的婴儿装以浅色为主，一般选用白色或者偏暖的色彩，可以适当装饰一些简单可爱的图案。图案的设计有时使用深蓝色、黑色、咖啡色等常用色，但是相对较少。白色可避免因染料对宝宝的皮肤造成伤害，柔和的浅色、暖色则可显得婴儿的小脸粉嘟嘟的。婴儿时期的视觉发育尚不完善，一般不宜使用大红色等视觉刺激较强的色彩，而是以各种淡雅的色彩为主或者使用小碎花和小图案配色。

幼儿装的色彩通常比较亮丽，以表现幼儿的天真活泼，比如，经常使用亮丽的对比色、纯净的三原色，或在服装上加上各种彩色图案。幼儿装也会使用一些粉色系，此外，拼色、间隔或使用碎花、条纹、格子等面料都能产生很好的色彩效果。如图1-48所示。

（2）小童装色彩。小童装的色彩与幼儿相似，多使用一些明度较高的鲜艳色彩，而含灰度高的中色调则使用相对少一些，如图1-49所示。

（3）中童装色彩。中童装的色彩不宜过于鲜艳，可以适当地变化或调整色彩的对比关系，但对比不宜太强烈。虽可采用图案装饰，但是图案的内容与婴幼儿有所不同，不宜用夸张另类的图案，整体应简单大方，如图1-50所示。

图1-45　净透清爽的冷色

图1-46　明快俏皮的亮色

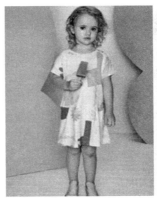 

图1-47　宁静柔和的暖色

图1-48　婴幼儿服装色彩　　图1-49　小童装色彩

（4）大童装色彩。大童装的色彩不再那么艳丽，多参考青年人的服装色彩，以常用色调为宜，相对比较中性的常用色彩如黑色、蓝色、白色、咖啡色、香草棕色等色彩在男女大童装中都经常使用。除了T恤衫、夹克等一些服装的色彩相对比较中性以外，男女大童的服装色彩性别差异也比较明显，女大童装经常采用一些柔和的粉色调，比如浅粉色、浅紫色、嫩黄色等，还经常选用一些同样比较女性化的花色面料，如图1-51所示。

图1-50　中童装色彩　　图1-51　大童装色彩

（二）流行装饰

婴幼儿服装和童装中的装饰相差无几，一些装饰贯穿了宝宝的整个童年，多数装饰针对不同年龄的宝宝都是合适的，只需要简单进行性别区分即可。

1. 民族风装饰

民俗风刺绣成为了女童宝宝服装中的重要细节。十字绣和针绣图案稀疏地散落于短裤、连体裤、连衣裙等浅色单品之上，为之更添生机活力。这些精致细节可使夹克和棉麻上衣以及牛仔服等单品焕然一新，打造协调、现代的波西米亚造型。如图1-52所示。

绒球和流苏装饰潮流在婴幼儿女童装类别中尤为突出，同时也对男童装产生了些微影响。流苏和绒球装饰离开了常见的服装底边和袖口等边缘位置，成为了服装的中心元素。绒球不仅可以齐整地排列在单品边缘，也可以横向布局的形式出现，形成触感丰富的条纹效果，如图1-53所示。

2. 女性化装饰

荷叶边从袖子的装饰发展到围兜、连体裤的裤腰和领口部位。面料主要包括轻质棉布、泡泡纱、水洗亚麻和针织面料等。分层荷叶边和宽度不一的荷叶边可增强单品的立体感和夸张效果，荷叶边为连体裤和毛衣等柔软的单品加入了飘逸的气质。肩部的荷叶边、撞色荷叶边或滚边勾勒了服装廓形，打造出更具视觉效果的现代造型。这些个性单品不仅可以搭配牛仔装，还可以搭配休闲装。如图1-54所示。

作为童装设计的传统标志，蝴蝶结细节为女孩的连体裤、连衣裙增添了柔美气息。蝴蝶结扣适用于女孩连衣裙，强调超大设计。这一细节以本布或撞色呈现，尽显女孩甜美的气质；或者选择精致的可自由打结的方式，体现更为可爱的立体效果，如图1-55所示。

3. 运动休闲装饰

补丁设计流露出童年怀旧的质感。水果布丁装饰由春季经典水果演变而来，梨、草莓和西瓜等手绘、亮片、贴花使针织连衣裙和T恤熠熠闪光。水果补丁与徽章潮流相呼应，在打底裤的膝盖处加入了顽皮的

图1-52　民族风刺绣装饰　　图1-53　绒球装饰　　图1-54　荷叶边装饰　　图1-55　蝴蝶结装饰

假小子元素。(一种牛仔布)通过各种民族风刺绣和怀旧补丁细节,从多种标志到徽章、漫画或表情符号,各种补丁和图案以或分散或聚簇的形式用于牛仔裤、背带裤、背心和夹克上,打造出20世纪70年代的复古风格,如图1-56所示。

随着运动休闲风潮的到来,对比装饰具有能够融入任何主题的百搭特性,出现在裤脚撞色印花、膝盖补丁、裤腰设计和口袋印花等多处。在男童装类别中,对比裤装细节是街头和运动主题的主打元素,如图1-57所示。

双色或三色运动条纹既能清晰勾勒底边、裤腰和袖口,也可以用来点缀衣袖和侧边线缝,并为休闲基础款注入活力四射的运动气息。无论打造简约造型,还是在搭配亮片、薄纱和补丁的装饰下以一种更时尚和前卫的方式呈现。如图1-58所示。

图1-56　补丁装饰　　　　图1-57　对比装饰　　　　图1-58　运动条纹装饰

(三)流行图案

1. 婴幼儿服装流行图案

婴幼儿的图案主要是简单小巧,常见的图案主要是宝宝喜爱的事物,比如小动物、水果食物、动画片题材图案和一些小玩具。近年来流行的图案风格主要是蜡笔和铅笔的抽象手绘效果,简单可爱俏皮,如图1-59所示。

图1-59　婴幼儿服装流行图案

2. 男童装流行图案

街头元素是男童装的主要装饰图案，性别区分更加明显，比如美国西部牛仔风格图案、越野赛事风格图案、山川湖泊等大自然风格图案，图案主要应用于休闲风格单品中，增加了小男子汉气概。如图1-60所示。

图1-60　男童装流行图案

3. 女童装流行图案

甜美浪漫是女童装装饰的主要风格，田园的花朵、夏日的热情、清新淡雅的花朵，使用对比强烈的鲜亮原色、充满活力的饱和色调，使夏日趣意喷薄而出，彰显夏日活力，如图1-61所示。

图1-61　女童装流行图案

（四）流行款式

1. 婴幼儿服装流行款式

轮廓：男女皆宜的中性造型是近几年的主打风格，其中包括各种连体裤、飞行员夹克、棒球夹克以及拼接丹宁单品。将所有单品集结起来，则呈现出一个不分性别的婴幼儿衣橱。

面料：柔软的平纹织物是长裤和背带裤等经典单品的首选面料。

装饰：荷叶边用于女婴幼儿服装，并以多种效果呈现，而补丁和刺绣则是丹宁单品的关键亮点。

实用主义的中性风掩盖住了婴幼儿服装的古灵精怪本质。独特的印花、刺绣和补丁让日常主打款看起来更加个性和灵动。婴幼儿春夏流行服装十大关键单品见表1-4。

表1-4 婴幼儿春夏流行服装十大关键单品

类别	设计亮点	创新元素	图示
薄款飞行员夹克	飞行员夹克的设计灵活多变，细节的调整使此类单品经久不衰	采用轻盈面料或薄纱叠层制作，轻便实用	
露肩上衣	由女装市场延伸至女童装市场，现在连婴幼儿市场也开始出现富有女人味的露肩款式	全新款式采用肩带设计，能够起到固定大褶皱的作用，同时也防止服装脱落，更多的削弱了女性化气息，增强了休闲的味道	
无领衬衫	无领衬衫源自男士T台造型，这款夏季服装经过重新设计变得更加舒适好穿	将袖口卷起七分，更显得休闲帅气	
工装裤	工装裤作为年轻市场的关键款式，常与T恤搭配叠穿	柔软的平针织物质地工装裤适合夏季穿着，同时搭配随意的绳结肩带和可爱的贴花等细节	
修身连体服	连体服是婴幼儿最常见的单品，常以印花装饰，同时也很容易上身	版型十分修身，采用锥形裤腿，同时饰有口袋，更加方便活动和穿着	
背带裙	背带裙吸收不少20世纪90年代的经典元素，可以内搭长款衬衣和T恤穿出层叠效果	面料的拼接和内搭的叠穿是这件单品出彩的关键	

续表

类别	设计亮点	创新元素	图示
复古连衫裤	将连体服和工装裤相混合，打造出简约、复古和中性的夏季单品	使用挺括的夏季亚麻制作，吸汗透气	
荷叶边连体服	女童装一直流行多重荷叶边的设计，这是除了大量中性款式之外，更为女性化的时尚选择	可爱的荷叶边与交叉背带同时出现在服装中	
灯笼裤	印花在灯笼裤上大放异彩，是展示各种印花的很好的载体，同时男女皆宜	灯笼裤的面料为针织平针织物，方便内穿尿不湿，既实用又美观	
宽松长裤	紧跟宽松版型潮流，这款中性单品使用夏季亚麻和轻条纹棉布制作而成	量感更加丰盈，同时采用直筒裤腿设计	

2. 男童服装流行款式

男孩服装款式没有明显变化，新的印花和材质成为设计焦点。版型宽松的单品穿着舒适轻松，变得越发流行。运动装依然为休闲装带来影响，新的设计细节包括拉绳和毛圈布；款式令人联想起过往年代的旧款服装，马球衫、教练夹克和度假衬衫依然是最畅销的单品；版型朝着宽松方向发展，长裤和短裤均受T台男装影响。男童春夏流行服装十大关键单品见表1-5。

表1-5　男童春夏流行服装十大关键单品

类别	设计亮点	创新元素	图示
教练夹克	受到男装T台和年轻品牌的影响，教练夹克是取代飞行员夹克和滑雪衫的理想选择	平翻领设计十分重要，可用来搭配假拉绳或收缩衣摆；同时采用素色斜纹布或印花面料制作	

续表

类别	设计亮点	创新元素	图示
复古拉链夹克	对于复古运动的向往使得男童装继续采用来自男装T台和年轻品牌的复古拉链款式	色块拼接的布局充满现代感，同时使用天然面料与科技面料	
冲浪帽衫	运动元素继续推动休闲装发展，主打款帽衫亦然流行	针织或梭织面料打造出多用途的跨季混合款	
半门襟中长上衣	半门襟中长上衣相比普通系扣衬衫更加实用，并带有波西米亚风情	设计从无领款演化为有领款，版型同时有所加长	
度假衬衫	度假衬衫在男装市场依然流行，复古童装品牌随之相继推出度假衬衫	设计新增花哨的背部图像，同时采用更为前卫的背部横向剪切装饰的育克结构设计	
马球衫	又叫Polo衫，作为男装针织衫里的主打款，这款简单的跨季单品融入大量运动元素和复古元素	新式门襟和色块拼接更新经典版型	

续表

类别	设计亮点	创新元素	图示
及膝短裤	随着滑板风单品出现在男装中，其在男童装里同样占有一席之地	夸张版型和混杂补丁更新休闲健身短裤	
百慕大短裤套装	休闲运动衫的全身同色或全身同花设计被用于休闲服装	更加宽松和舒适的短裤版型带有实用运动风格	
宽松运动裤	对于服装来说，舒适感才是王道。设计宽松的吊裆版型由成人品牌款式渗入童装市场	符合人体工学的缝线和新增口袋细节更新裤型	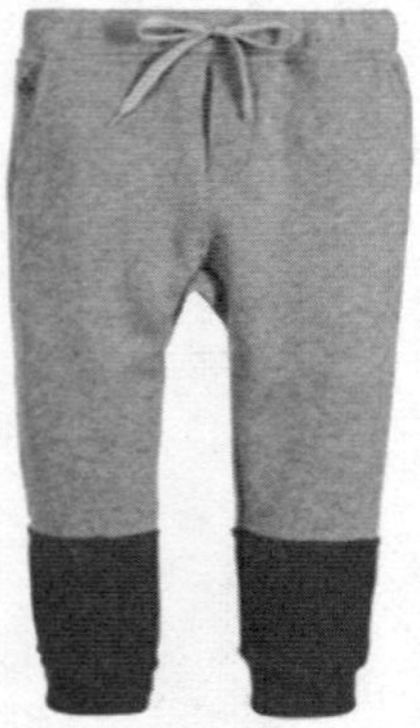
宽松斜纹布裤	斜纹布裤开始由男装市场渗入男孩市场，并在展会和T台上随处可见	裤腰采用褶皱设计，全长裤腿则在脚踝处略呈锥形。可考虑加入印花或条纹	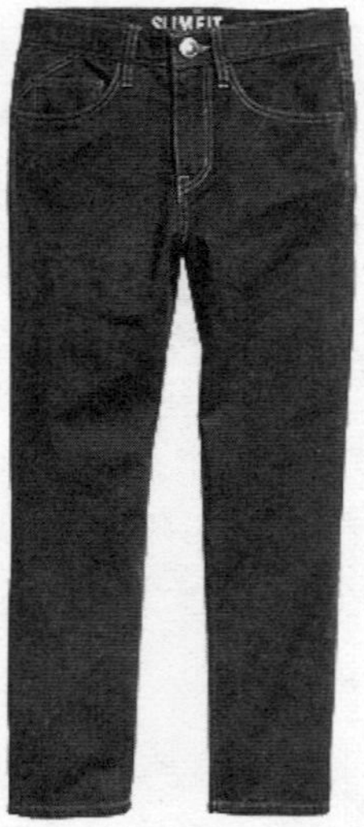

3. 女童服装流行款式

休闲运动是近两年的流行趋势，后背设计和娇俏的元素成为装饰的重点。柔美女性化格调、褶边和荷叶边搭配透薄面料，翻新了飞行员夹克、连体裤等服装；后背细节源自女装，蝴蝶结、精致的花边装饰上衣、连衣裙和连体裤等款式；随着20世纪80和90年代复古风对童装的持续影响，大廓形蔓延至下装和半身裙。独特的运动细节搭配褶边连衣裙和精致上衣，打造现代都市潮童。女童春夏流行服装十大关键单品见表1-6。

表1-6　女童春夏流行服装十大关键单品

类别	设计亮点	创新元素	图示
透明披肩	全新的混合款式将传统的雨衣材料与典雅的造型相结合	传统印花采用潮色滚边细节，彰显柔美女性化韵味	
透薄飞行员夹克	该造型是传统纪念夹克，采用轻薄时尚面料	精致的面料和娇俏的镶边点缀这款传统的核心运动单品	
钟形袖上衣	女装中的流行造型演变为女孩上衣	田园风上衣摒弃厚重的刺绣，取而代之的是简约风范并注重衣袖设计	
棒球衫	运动装继续影响必备单品，启发织入条纹和罗纹面料	运动衫倾向竖条纹等棒球元素	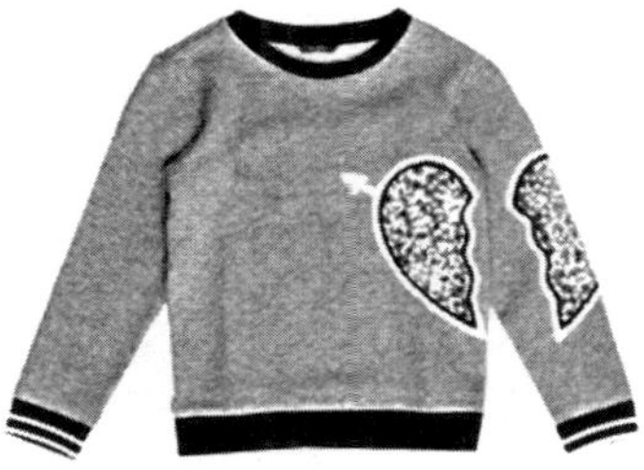
卡肩连衣裙	作为热销女装款式，卡肩款式开始在女孩服装市场上兴起	简约的运动休闲元素融合个性的荷叶边，让该造型更显前卫	

续表

类别	设计亮点	创新元素	图示
吊带式叠层连衣裙	随着吊带式单品近期在女童装市场上兴起,出现了交叉条带细节翻新的连衣裙造型	将褶饰吊带与挂脖设计相结合,为浪漫的波西米亚主题注入新鲜感	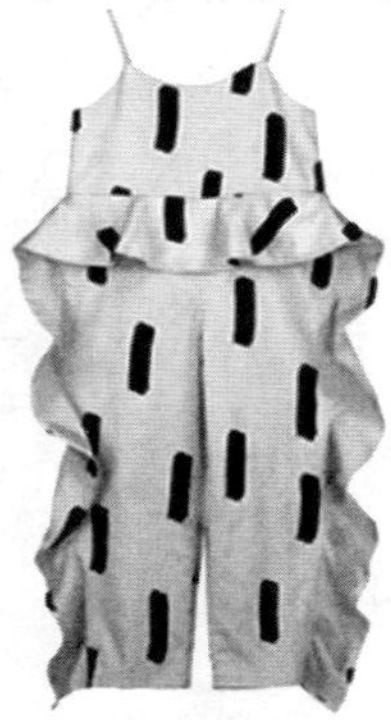
褶裥超长裙	同向褶继续影响半身裙,尤其是大女孩的超长及地连衣裙	绘画式的金属光泽和缎带条纹翻新基础款的褶裥半身裙	
音乐节连身裤	柔软的梭织面料、微妙的刺绣和精致的荷叶边相结合,打造出端庄的波西米亚范儿连身裤	露背设计装饰荷叶边,短裤造型和蝴蝶结相结合,活泼俏皮	
褶裥A字短裤	箱形褶裥短裤从版型宽松的裤裙式短裤演变而来,增强结构感,同时保持量感	印花醒目而个性,并结合滚边,透露出运动气息	
阔腿裤	从时尚单品升级为核心单品,阔腿长裤将飘逸感与宽松的蝴蝶结腰带相结合	超宽松版型和超大蝴蝶结彰显俏皮风范	

二、秋冬童装流行趋势

（一）流行色彩

1. 色彩流行趋势

（1）大自然色彩。色彩展示的也是地球的富饶、深邃与神秘。春夏亮眼的绿色在秋冬变得更加浓郁，其中灰绿色和登山绿是跨季绿色调的代表；红石南色、航海蓝色和锈金色用作装饰色做点缀；大地色系是百搭的基本款色彩；带有手工染色和酿造效果的色彩，如浓郁的浆果酒红和树篱紫红。整体风格代表着对自然的热爱。如图1-62所示。

（2）冬日里的活力色。猩红色既有活力，还能为入春新品的到来做自由风格的铺垫；混凝土灰色看起来更加温暖柔和，却依然保持着时尚感；醒目橙、清新柠檬黄和烟熏粉色成为出挑的亮丽装饰色彩；深冬时分，温暖与活力兼备的蓝色开始展露锋芒，例如翠鸟绿和交通蓝，如图1-63所示。

（3）未来感金属色。深沉饱和的色彩与鲜亮色彩对比鲜明，主打的紫色、蓝色和荧光色最适用于冬季、节日季。核能黄和日晕黄的鲜亮色彩是装饰色的首选，看起来活力四射；水晶蓝和丁香紫灰等浅色调单独出现十分柔和，却在搭配深暗调色彩时变得明亮耀眼；金属色是核心，注入不少奢华感，同时还蕴含了科幻和科技元素；流星蓝、银河绿和钴蓝等深暗色是黑色的完美替代色。如图1-64所示。

图1-62 大自然色彩

图1-63 冬日里的活力色

图1-64 未来感金属色

2. 婴幼儿服装流行色

婴幼儿市场的色彩明显向温暖中性的金棕色靠拢，温暖金棕色让各式各样的婴幼儿单件装更华丽、更有深度。书包棕褐色也是幼儿主打款服装的关键色，可以搭配暖粉色和浅蓝色；暖粉色涵盖了从浅桃粉到苹果花粉等多种颜色，更浅的桃粉色让针织面料和水洗棉纱制作的婴儿连体服以及幼儿的手织开衫多了几分甜美；复古蓝是非常耐用的中性色，适用于混合棉针织面料和工装风，也适用于婴儿连体服、幼儿连衣裙和长裤等各类服装；炭黑色等低调的色彩可以作为核心色，搭配传统的粉色和粉末蓝时显得时尚摩登，如图1-65所示。

3. 童装流行色

鲜绿蓝色变得更鲜亮，呈现翡翠绿色泽；而橙黄色则倾向于金褐橙色，成为浓烈的秋季底色，适用于男孩和女孩服装；暖调苹果花粉红色和紫红色与这两种大地色彩形成视觉平衡，柔和血红色从橙番茄色调演化而来，适合天鹅绒、灯芯绒和法兰绒。如图1-66所示。

图1-65　婴幼儿服装流行色

图1-66　童装流行色

（二）流行装饰

装饰元素除了百搭的荷叶边、绒球流苏、运动对比，复古风和印花是新晋元素。

复古风依然是热门，密集的花卉和跨文化风格刺绣、细针距针织流苏和绒球镶边装饰持续流行，这些精致的镶边最适合与毛衣、背心和秋冬梭织上衣搭配，流苏和绒球装饰的半身裙、打底裤和毛衣为女童服装增添了活力，令个性单品更随性；个性口号和正能量标语与20世纪60年代的标语相结合，手写体字母塑造出更个性化的标语，如图1-67所示。

对比色块为拼接针织单品增添了活力。长袖T恤和毛衫作为男童服装中的重要单品，在双色或三色的育克和衣袖下更显新颖。女童T恤、上衣和毛衣则多采用对比色的下摆和双色衣袖。印花贴片和经典花卉以高饱和亮色打造男女皆宜的外观；侧边极细条纹在女孩半身裙和针织袜上的应用，是对这一细节的最新诠释（图1-68）。男孩休闲裤装则采用侧边花呢或天鹅绒条纹。条纹运动裤和夹克始终是男女皆宜的流行单品。

图1-67　复古风装饰　　　　　　　　图1-68　印花装饰

（三）流行图案

1. 婴幼儿服装流行图案

（1）涂鸦图案。婴儿装过去的原色亮色和浮夸的节日设计趋于低调，手绘涂鸦式的图案题材越来越广泛：节日主题、城市街道、蜡笔儿童画、抽象印花等都歪歪扭扭地印在服装上，像是宝宝自己绘制的一样，增加了顽皮可爱的味道。所有涂鸦都只用轮廓线勾勒，进一步强调简洁。如图1-69所示。

（2）自然主题图案。越来越多的年轻爸爸妈妈喜欢给孩子买更环保的良心产品。朴素的铅笔素描为秋季主题增添必备纹理，受大自然启发，小鸟、熊、常青树和花朵等图案应运而生（图1-70）。

（3）花卉图案。迷你尺寸和中等尺寸的各式花卉成为了婴幼儿服装不可或缺的一部分。花卉图案被用于点缀女式衬衫和连衣裙，深花浅底的图案更有冬季感。此图案适合用于针织连体服（图1-71）和幼儿连衣裙，作为短款外套也是不错的选择。

（4）趣味太空图案。马戏团和外太空，两大经久不衰的婴儿主题碰撞出妙趣横生的全新主题。图案用铅笔或蜡笔绘制，每个动态瞬间占据一小块版面，四处散落开来，构成密密麻麻的全件印花。星星、条纹为这些充满想象力的科幻场景增添图案和纹理效果，如图1-72所示。

图1-69　涂鸦图案

图1-70　自然主题图案

图1-71　花卉图案

图1-72　趣味太空图案

2. 男童服装流行图案

（1）街头风格图案。美式怀旧的街头风格是男童装新兴图案，怀旧的补丁和DIY造型趣味十足。加油站、机车等街头元素通过手绘字体、商标和个性图案体现在服装上。简约的线条和鲜亮的乡土色调使复古的气息更加浓郁，服装面料精细纹理尽显原生态，透着质朴气息，如图1-73所示。

（2）个性校园图案。充满童趣的字迹、黑胶唱片、长长的标语、画掉的单词和歪斜的线条，在设计中扮演关键角色，透着怀旧气息。印花和图像俏皮可爱，营造质朴的学校欢乐氛围，如图1-74所示。

（3）太空科幻图案。科幻小说和探险世界的元素打造另类的男童装图案。从幻想世界到星际生物，外星生命以卡通形式呈现，漂浮在太空，打造奇幻的风俗画印花，加上太空中的银河绿、流星蓝、核能黄等耀眼亮色在暗底上格外醒目，如图1-75所示。

图1-73　街头风格图案

图1-74　个性校园图案

3. 女童服装流行图案

（1）城市街头图案。男童和女童的街头图案还是有所区别的：男童的街头图案主要是滑板、运动、音乐等嘻哈文化；女童的街头图案就更像字面意思，更多的是街道、马路、信号灯等具体的城市元素。道路标识与民族志印记冲突，为女孩打造街头风造型。城市标语以硕大、抽象的状态呈现，用色鲜亮大胆，让人联想起交通信号灯及街头标志的色彩，如图1-76所示。

（2）土著民族风图案。土著游牧部落带来色彩和图案新一轮的启发。波西米亚的图案应用自然风格的秋季色调，几何扎染印花为女童装赋予做旧外观，如图1-77所示。

（3）童话森林图案。既华丽又有装饰性的童话故事为女童装图案带来灵感，有着魔幻般描述的小动物在交织的树丛中若隐若现，仿佛女童宝宝是森林深处受动物宠溺和爱戴的小公主。花朵用于华丽锦缎和装饰表面，为服装营造奢华感，如图1-78所示。

图1-75　太空科幻图案　　　图1-76　城市街头图案

图1-77　土著民族风图案　　图1-78　童话森林图案

（四）流行款式

1. 婴幼儿服装流行款式

实用风格越来越受到重视，工装裤和渔夫背带裤成为中性之选，为秋冬季带来硬朗帅气格调；20世纪60年代复古元素促进怀旧主题的流行；人造皮草、柔软真丝和绒毛内里的触感面料更新着以往的平纹面料外套；针织衫经过翻新后更具现代感，且男女宝宝都适用。婴幼儿秋冬流行服装十大关键单品见表1-7。

表1-7　婴幼儿秋冬流行服装十大关键单品

类别	设计亮点	创新元素	图示
绒毛飞行员夹克	作为畅销品，飞行员夹克具有无限的多用属性	夸张的人造皮草带来新颖量感，搭配运动风细节和可拆卸兜帽	
黏结机车夹克	源自成熟消费群体，这款夹克保持现代风范，而不失经典气质	考究的面料和梭织肘部补丁可增添现代元素	

续表

类别	设计亮点	创新元素	图示
波西米亚风针织开衫	从前几季延续下来,这一实用的时尚单品成为跨季之选	该造型被延长,并从绗缝转变为针织,带有柔软的抓绒衬里,以增强保暖性	
针织背心	由于怀旧风潮依然流行,书呆子风格针织服装宣告回归	超过肩膀的青果领和衣袖为镶嵌工艺无袖背心赋予现代感	
摩登连衣裙	20世纪60年代风影响秋冬季最重要的连衣裙造型	整体仿效20世纪60年代的设计,但选择混搭面料,以强调现代风范	
褶边紧身衣裤	作为婴儿核心必备单品,紧身衣裤在秋冬季扮演更加关键的角色	荷叶边变得更加夸张,从领部转移至衣袖	
奢华派对连衣裙/裤	基本单品更显典雅,体现在秋冬季诸多关键趋势上	该单品散发出复古浪漫气息,可取代女婴派对连衣裙	
阔腿长裤	受大孩子趋势的影响,宽松的版型依然深受欢迎	超宽的编织或绗缝处理,该单品男女皆宜	

续表

类别	设计亮点	创新元素	图示
中性工装裤	中性单品诠释新颖的实用风格,为女孩造型赋予硬朗格调	选择防风雨的面料成为了新颖的纺织面料。尝试运动型缝纫裤腰	
渔夫背带裤	工装的流行势头延续下来,为男女皆宜的背带裤注入新鲜感	版型宽大、带有经典仿扣件的简洁轮廓,适合儿童	

2. 男童服装流行款式

短长裤、长款T恤和外套式衬衫都是打造新造型的百搭运动单品;抓绒、夏尔巴羊毛和触感纹理面料显得更加简约;源自成人和青少年市场的20世纪90年代复古趋势,运动和摇滚风造型相结合,诠释新颖的男孩造型。男童秋冬流行服装九大关键单品见表1-8。

表1-8 男童秋冬流行服装九大关键单品

类别	设计亮点	创新元素	图示
羽绒滑雪夹克	怀旧运动元素继续影响热门单品,包括秋冬季基础款,融入飞行员夹克和厚夹克的细节	绗缝和色块继续影响秋冬季外衣,宽绗缝和轻填棉塑造出过渡季的外衣轮廓	
混合款教练夹克	格外畅销的教练夹克融合牛仔骑士的经典魅力,塑造新款混合单品	玩具熊或夏尔巴羊毛抓绒衬里和领部细节,搭配防护性尼龙或质感外壳	
长款拉链夹克	少女、青少年和街头装时尚达人选择长款层搭轮廓,为大孩子和男孩新品带来灵感	后背底边弯曲的超大和松散版型为帽衫和拉链款式注入街头气息	

续表

类别	设计亮点	创新元素	图示
宽门襟开衫	百搭多用、便于造型，超大祖父开衫彰显20世纪70年代的怀旧魅力	竖领设计搭配宽松的落肩轮廓。毛绒和拉绒混纺，结合纽扣和拉链门襟	
层次感T恤	层次感T恤呈现长款叠层造型，男女皆宜	错视的对比双底边和衣袖带来重叠效果。采用夹花和双面平纹针织面料，打造运动风街头装单品	
摇滚牛仔纽扣衬衫	格纹衬衫演绎20世纪90年代潮流，是男孩层搭造型的绝佳单品	长款轮廓结合西部牛仔衬衫细节，翻新传统的返校季格纹纽扣衬衫	
修身七分裤	修身长裤更受消费者青睐，可以尝试不同材质和尺寸	截短长度至脚踝或脚踝以上，搭配醒目短袜和运动鞋，演绎新颖的休闲造型	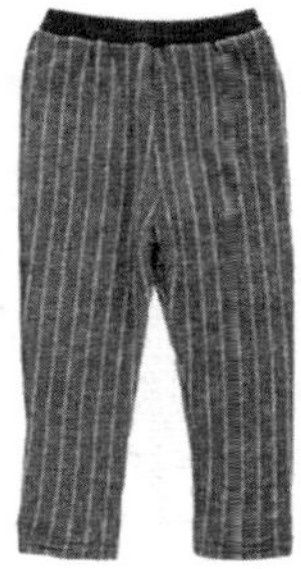
宽松锥形长裤	宽松的长裤轮廓继续风靡，影响波及男孩服装	带有校队条纹的运动拉绳和印花抓绒，露出独特的运动气息。采用灯芯绒或帆布材质，凸显传统风范	
个性慢跑裤	作为男孩商业必备单品，多用的慢跑裤再度将休闲装和运动风造型相结合	深裤脚翻边彰显前卫的街头装风范，类似长裤掖入短袜和截短轮廓的流行趋势	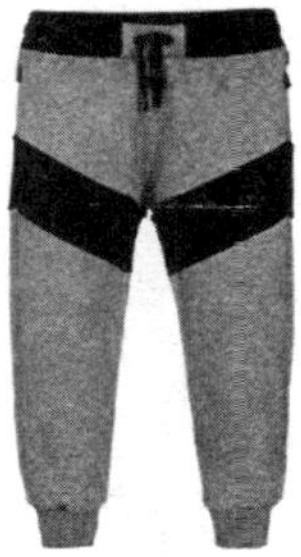

3. 女童服装流行款式

秋冬延续春夏关键单品，飞行员夹克、中长半身裙以及九分阔腿裤等跨季款式采用夏尔帕、羊毛、帆布等适合冬季的面料；运动细节更显考究，尤其是运动风的袖口搭配，成为现代单品，例如嵌花皮草外套、飞行员夹克、模塑运动衫；造型回归基本款式，清爽的白色纽扣衬衫、运动衫和皮草外套等简洁造型。女童秋冬流行服装十大关键单品见表1-9。

表1-9 女童秋冬流行服装十大关键单品

类别	设计亮点	创新元素	图示
嵌花仿皮草外套	仿皮草，依然是深受女童喜爱的外套面料，为年轻女孩和少女的核心单品增添了奢华感	动感装饰图案在时尚廓形中融入了极富视觉冲击的造型。采用超软的聚酯材料和仿皮草混搭，增添罗纹饰边袖口和隐藏口袋	
绵羊皮飞行员夹克	飞行员夹克是女孩们的必备单品，采用绵羊皮或羔羊毛饰边，更加保暖	超大尺寸贴袋和外露缝线搭配传统廓形，用户外风格演绎飞行员夹克	
宽松束腰开衫	沿袭女装风格，这款长版腰带开衫成为女孩和少女换季时的必备层搭单品	抢眼的鳞纹图案针织工艺，可搭配天鹅绒、丝缎、斜纹或蝴蝶结腰带，正式场合或休闲环境都适合	
模塑运动衫	模塑运动衫是百搭必备单品，正式、休闲都适合	整合潜水服面料和厚重羊毛混纺面料，展现简洁挺括的风格，剪裁略显宽松	
图案纽扣衬衫	这款百搭的层搭单品可以搭配各种服饰，包括飞行员夹克、长款开衫和皮草外套	隐藏式开襟更显简洁，添加极富视觉冲击的图案和刺绣，为普通白色纽扣衬衫注入动感活力。对于年龄稍大的女孩或少女，可以用别针和徽章作为点缀，增添一抹亮色	

续表

类别	设计亮点	创新元素	图示
波西米亚连衣裙	这款百搭的核心单品，将春夏造型引入秋冬季，带来四季皆宜的层搭造型，为荷叶边上衣注入新活力	秋冬季，为这件飘逸的波西米亚连衣裙搭配印花面料衬里，巧妙展现服装的比例和尺寸	
绒面背带裙	该外穿单品是层搭上衣的主打款	天鹅绒和长绒材料打造的全长裙部、工字背和新增的口袋细节，提升了传统背带裙造型	
羊毛中长裙	羊毛中长裙融合了A字造型和针织衫的动感	从时尚款式变成核心单品，采用全新材料，打造嵌花运动衫裙和拼接全针织款式	
七分阔腿裤	沿袭春夏的牧裤，阔腿裤依然是秋冬的关键造型	褶饰结构、简洁前襟、搭扣细节带来与众不同的休闲元素	

续表

类别	设计亮点	创新元素	图示
无领连体工装	修身款的连体装是秋冬系列的时尚单品	隐形拉链前襟方便穿脱。简洁线条和金属细节彰显休闲魅力	

服装虽然分季节，但是我们通过分析四季的流行色彩、流行装饰、流行图案和流行款式可以看出，流行具有适用性和包容性。春夏和秋冬的颜色区分比较明显；流行装饰、流行图案和流行款式中，许多元素都是通用的，近年流行的风格主要是民族风和复古风，整体趋势是运动休闲的中性，廓形是简单大方的直线条。不论流行怎么变化，只要把握了主流风格，妈妈们就可以分分钟打造走在时尚前沿的小潮童。

第二章 童装面料与辅料

我们初步了解了童装的发展和款式类型,各位妈妈们准备好给宝宝量体裁衣了吗?

妈妈们有没有想为宝宝制作小衣服的冲动?

有没有想做的款式出现在脑海里?

那么,我们的第一步就是选择服装的面料和辅料。

可是如何才能针对不同的季节、不同的年龄、不同的款式造型选择合适的面、辅料呢?

第一节 童装使用的面料

一、面料性能的识别

给孩子制作衣服的第一步就是要选好面料。儿童服装面料的选择尤为重要，它关系到孩子穿着的舒适性和安全性。下面我们就为妈妈们来介绍面料、辅料的种类以及如何为我们的宝宝选择安全、舒适的面料和辅料。

在拿到一款面料时，第一步就是"看"，通过我们眼睛的观看对面料有一个初步的了解和认识，面料的光泽、色彩、纤维粗细以及图案纹理的外观特征都是可以通过眼睛来分辨的。比如纯棉布的外观特点是光泽柔和、面料表面比较粗糙，甚至有棉结杂质，给人质朴的感觉；麻织物面料外观不是十分精细，没有棉布柔软，编制的纹理比较明显；涤纶面料光泽较亮，有闪色感，面料柔软细腻，组织比较细密。

第二步可以"摸"，通过手的触觉感受面料的软硬、光滑、粗糙、细节、弹性、冷暖等，用手还可以对面料进行抻拉，来感受面料的强度和伸长度，也可以用嘴在面料上吹起，把手放在面料底下感受风的穿透力，以此来感受面料的透气性。比如纯棉布手感柔软、弹性小、易皱，用手捏紧布料时会有明显折痕且不易恢复，透气性好；涤纶面料弹性好，手感柔软，不易起皱，但透气性较差。

听觉、嗅觉对面料的识别有一定的帮助，可以把面料进行摩擦放在耳边听面料发出的声音，条件允许的情况下可以对面料进行撕裂。如磨砂丝绸表面会有清脆的丝鸣声，撕裂时声音清亮；各种面料撕裂时声响不同，棉质布料摩擦声音较小，撕裂时声音比较闷。

燃烧的办法比较少用，条件允许的情况下可以用一些小布头或者边角料进行测试，通过看火焰、闻气味、看烧后残留物来鉴别面料。棉麻面料都易燃，且燃烧迅速，燃烧时会冒蓝烟。棉燃烧时散发出烧纸气味，麻燃烧时散发草木灰气味；棉燃烧后有黑灰色的灰烬，麻燃烧后产生灰白色灰烬。毛织物燃烧冒烟，燃烧速度慢，因其中含有蛋白质燃烧时有烧焦头发的味道，燃烧后有黑色颗粒。真丝燃烧时会自动缩成团，且伴有咝咝声，燃烧的气味和灰烬与毛织物类似。

在童装面料的选择上，棉布是最常用的面料，内衣和外衣均可使用，是最理想的童装面料，如图2-1所示。由于宝宝们处于身体发育的重要时期，在选择面料时要多方面确认面料的透气性、保暖性、吸湿性、静电性等性能特征，在保证孩子穿着舒适、安全的前提下，再考虑服装的款式和造型。

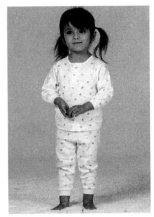

图2-1　柔软舒适的棉质童装

二、面料流行的关注

选择童装面料时，一方面要注意面料的性能，另一方面还要注意面料工艺技术的发展和图案、色彩的安全。一些新型面料改良了传统面料的缺点，穿着更舒适健康。打破对复合面料和化纤面料的误区，通过现今的科技技术，使新型面料兼具传统天然面料优点的同时又克服了人造面料的弊端。近两年以绗棉—舒弹丝、新雪丽棉填充为新型童装面料，如图2-2所示。

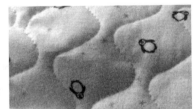

图2-2　保暖的填充绗棉童装面料

三、面料选购的方法

面料实体店分为高档店铺和中低档面料市场。高档店铺中面料的价格较贵，品质比较有保证；中低档面料市场的面料鱼龙混杂，价格比高档面料店铺要低一些，但是需要耐心挑选和比较。建议有一定面料常识基础的妈妈们可以选择在面料市场选购，常见的人造棉、涤纶等一些基础面料在市场中比较常见。

目前网上购买也是常见的形式之一，网上的面料种类繁多，应有尽有，而且价格相对实体店较便宜，足不出户就可以购买。在购买选择的同时需要妈妈们多看实物图片和商品评价，咨询好店家再购买，避免退换货的经济损失和时间的等待。由于网购的便捷性和退货免运费，也是近年来最受人们喜爱的一种购买方式。

四、裁剪童装使用的面料分析

（一）童装常用面料的性能与用途

1. 春夏季常用面料

由于儿童处在身体发育阶段，面料的舒适性显得尤为重要。春夏季童装面料多采用轻薄、柔软、滑爽、透气性强的，例如乔其纱、府绸、夏布织物等，常用棉、麻等天然纤维面料，吸汗透气，耐穿耐磨损。

现将春夏季各种面料具体介绍如下：

（1）乔其纱：又称为雪纺，其特点是垂感强、滑爽、薄透，如图2-3所示。

用途：可用来制作童装上衣、裙子等夏装。

（2）雪纺：高档雪纺布，它既兼具雪纺布的特性又有麻布的优点，如图2-4所示。

用途：可用来制作童装的上衣、裙子、裤装。

（3）夏布：又称生布、麻布，是天然纤维面料，以苎麻为原料编织而成的麻布，是中国传统纺织品，织物颜色洁白，光泽柔和，穿着时有清汗离体、挺括凉爽的特点，有独特的质朴感，如图2-5所示。

用途：可作童装衬衫、薄裙、裤装等。

（4）棉布：吸湿性好，手感柔软，坚牢耐用，因此被广泛应用于儿童服装中。

用途：多用于儿童衬衫、罩衫、裙装、睡衣等。

（5）泡泡纱：布身轻薄、凉爽舒适、淳朴可爱。传统泡泡纱虽然美观，但是较硬挺，透气性较差，不适用于童装贴身内衣服装制作。

用途：适用于女童衬衫、裙装等外衣。

（6）天丝：天丝兼具普通黏胶纤维优良的吸湿性、柔滑飘逸性、舒适性等优点，克服了普通黏胶纤维强力低，尤其是湿强度低的缺陷，它的强力几乎与涤纶相近，如图2-6所示。

用途：天丝用途十分广泛，华达呢、牛仔布等都用天丝制作，婴幼儿尿布也可用天丝制作。

（7）绗棉—舒弹丝：是一种复合材料，外面两层采用精梳棉制作，柔软舒适；中层是舒弹丝夹层，保暖透气，不易起皱，弹性好。面料整体保暖轻盈。

用途：常用于童装内衣、连体裤、睡衣等。

（8）莫代尔：是一种人造纤维。莫代尔具有优良的吸湿性和柔软性，但挺括性较差。

用途：经常用在童装的家居服和贴身衣物的制作中，制作简单。

（9）抓毛布：也叫魔术布、起毛布、粘扣布。抓毛布的质地外观看起来类似于普通布料，不过质感摸起来非常柔软光滑，不会伤害婴儿皮肤。光泽也更加鲜亮，具有一定的阻燃性质，粘扣布的纹理制作非常有规律，做工精细细腻。

用途：主要用于婴儿服装、婴儿帽子、婴儿口水巾、婴儿兜肚等。

（10）聚酯纤维：俗称涤纶，具有优良的耐皱性、弹性，有良好的电绝缘性能，耐日光，耐摩擦，不霉不蛀，但染色性能较差。

用途：涤纶在童装上的应用广泛，如运动服、连体裤、内衣内裤等。

2. 秋冬季常用面料

儿童秋冬季服装多选用防皱耐磨、轻盈保暖、质地厚实的毛呢、

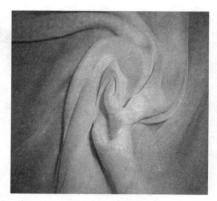

图2-3　乔其纱

图2-4　雪纺

图2-5　夏布

图2-6　天丝

毛涤混纺的面料，例如毛圈布、毛呢、珊瑚绒、牛仔布等。

现将秋冬季各种面料具体介绍如下：

（1）毛圈布：这类织物的手感丰满，布身坚牢厚实，弹性、吸湿性和保暖性良好，毛圈结构稳定，具有良好的服用性能。

用途：主要用于童装运动服、T恤衫、睡衣裤等。

（2）格子毛呢：短毛毛呢。其特点是毛呢布料外均匀分布短绒，风格类似英伦毛呢，常见品牌如依恋，常用格子毛呢制作秋冬服饰，如图2-7所示。

用途：适合做英伦风秋冬外套、裙装等。

图2-7　格子毛呢

（3）珊瑚绒：因杰出的柔软性著称。色彩斑斓，质地细腻，手感柔软，不易掉毛，不起球，不掉色，对皮肤无任何刺激，不过敏，外形美观，颜色丰富。

用途：适合制作睡衣、家居服等，也可用于服装外套的内里等。

（4）灯芯绒：又称条绒，是有一组经纱和两组纬纱交织而成，上有绒毛覆盖表面，经整理形成各种粗细不同的绒条。其主要特征是手感柔软，绒条圆直，纹路清晰，绒毛丰满，质地坚牢耐磨。

用途：多用于儿童大衣、外套、夹克、休闲服、裤子、裙子等。

（5）劳动布：又称牛仔布，是我们常见的面料之一，应用广泛，常用于春秋服装的制作。

用途：牛仔布分为薄牛仔布和厚牛仔布，薄牛仔布可用于春末夏初、夏末秋初的儿童衬衣、裤装、裙装等，厚牛仔布可用于春秋牛仔外套、裤装。

图2-8　太空棉

（6）太空棉：面料挺括，保暖性好，回弹性好，不易起皱，如图2-8所示。

用途：可用于秋冬童装棉服、外套等。

（7）空气层组织：在针织罗纹或双罗纹组织的基础上每隔一定横列数，织以平针组织的夹层结构。这类织物具有挺括、厚实、紧密、平整、横向延伸性好、尺寸稳定性好等特点，如图2-9所示。

用途：广泛应用于童装外衣，常见有棉服外套等。

（8）新雪丽棉：是一种新型材料，兼具羽绒的保暖性，又可水洗，轻薄速干，轻盈保暖，防潮透气。

用途：可用于服装夹棉和棉服的填充。

图2-9　空气层组织

（9）摇粒绒：摇粒绒不易掉毛起球，反面拉毛疏稀匀称，绒毛短，组织纹理清晰，蓬松，弹性好，它的成分一般是涤纶，手感柔软，但是易起静电。摇粒绒可与一切面料进行复合处理，使御寒的效果更好。比如说：摇粒绒与摇粒绒复合、摇粒绒与牛仔布复合、摇粒绒与羊羔绒复合、摇粒绒与网眼布复合，中间加防水透气膜等，如图2-10所示。

用途：用于童装的夹克、羊羔绒外套的制作。

（二）童装流行的面料

为了更好地选择面料，特将近年来童装流行的面料简介如下，以方便读者选择，见表2-1。

图2-10　摇粒绒

表2-1 近年来童装流行的面料简介

面料名称	面料实物	面料性能	适用范围
绗棉—舒弹丝	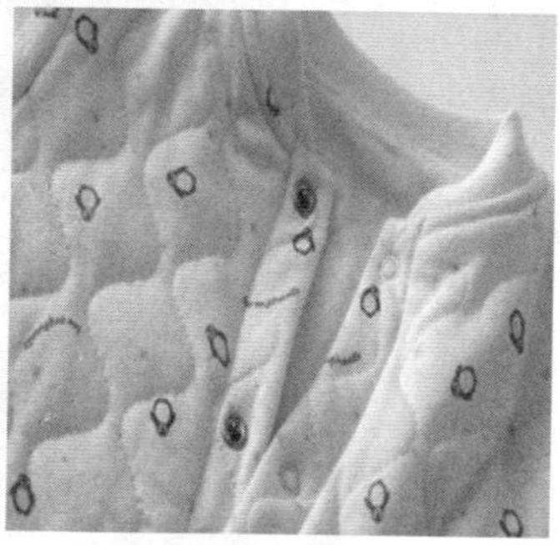	绗棉—舒弹丝：是一种复合材料，由三层面料复合而成。最外层采用的是精梳棉，柔软舒适；中层是舒弹丝夹层，保暖透气；第三层还是采用精梳棉，柔软吸汗，不易起皱，弹性好，不会因抻拉受到影响，面料保暖轻盈	常用于童装内衣、连体裤、睡衣
新雪丽保温棉	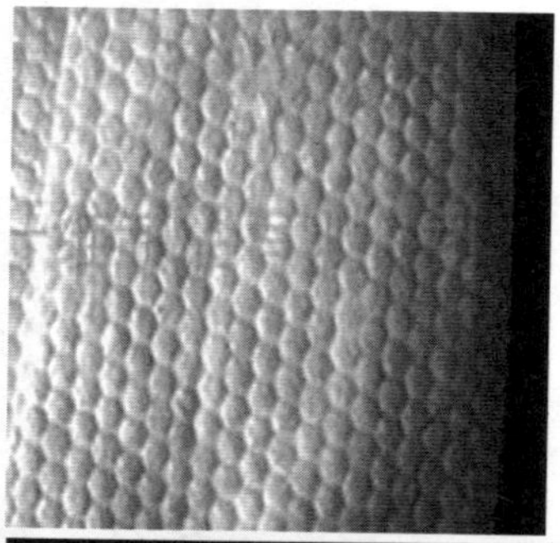 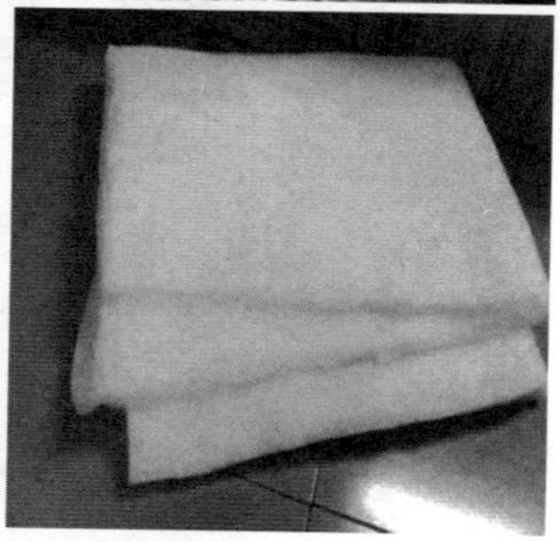	新雪丽保温棉独有的细微纤维，比一般化纤、棉小10倍，能更有效地锁住空气，这是保温的关键；而在同一空间里有更多纤维，可加强保温效果	可用普通缝纫机缝制，包括普通外衣及运动衣服等
针织双面布	 	表面和底面布的织法一样，比普通针织布幼滑，富有弹性，且吸汗，多用于T恤	主要用于时尚裙装，和儿童公主裙等

续表

面料名称	面料实物	面料性能	适用范围
天鹅绒	 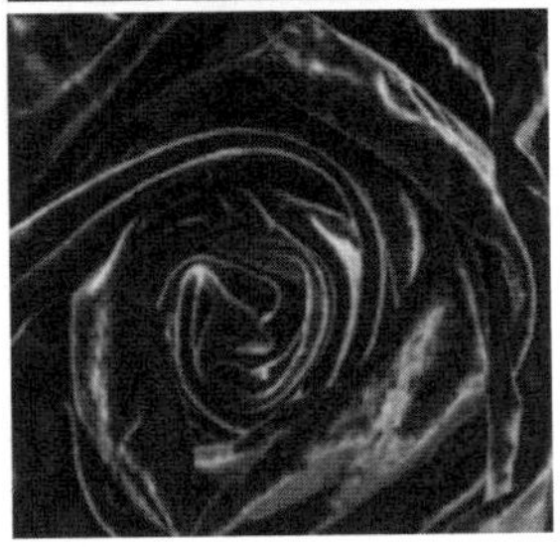	因类似天鹅的绒毛故名天鹅绒，由涤纱和绒纱组成。涤纱一般采用低弹涤纶丝或低弹锦纶丝，涤纱的弹性有利于固定绒毛，防止脱落；绒纱一般采用棉纱、涤棉混纺纱，或其他短纤维纱，色彩鲜艳自然，绒感饱满，手感舒适柔和	夏季儿童睡衣裤、背心、短裤等
灯芯绒	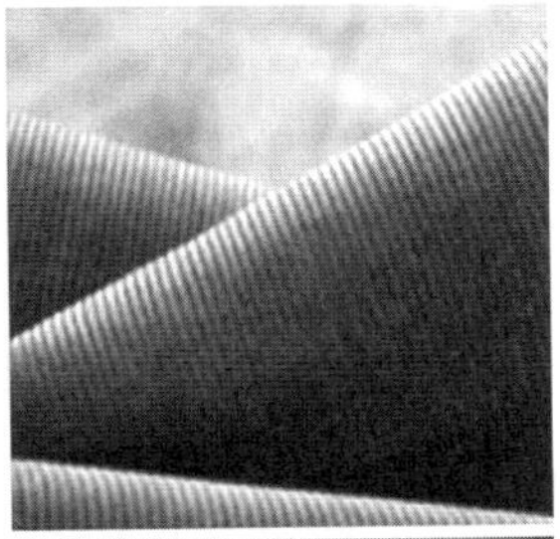 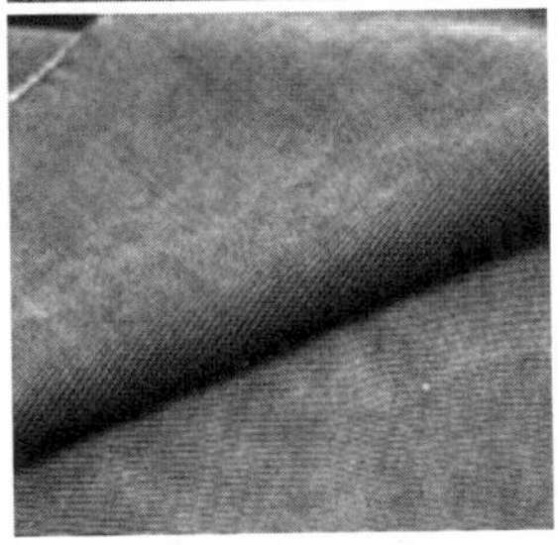	手感柔软，绒条纹路清晰，绒毛丰满，质地坚牢耐磨	适于冬季棉裤、羊绒裤、毛衣、秋衣等
珊瑚绒	 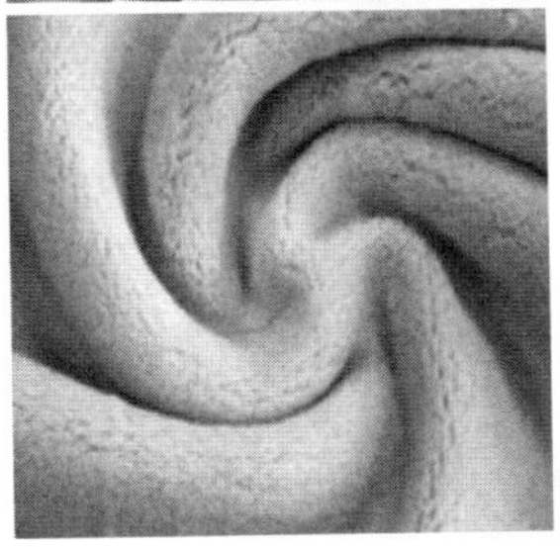	质地细腻，手感柔软，不掉毛、不起球，吸水性能出色，是全棉产品的3倍，对皮肤无任何刺激，不过敏，外形美观，颜色丰富，是国外刚刚兴起的棉质浴袍的替代产品	常用于内衣、家居服的制作等

续表

面料名称	面料实物	面料性能	适用范围
摇粒绒	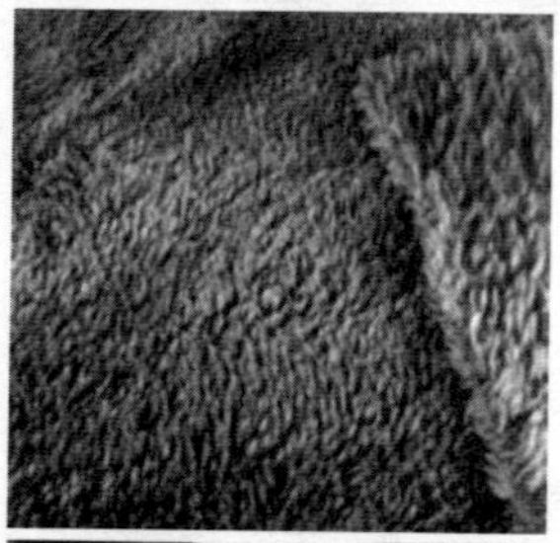 	摇粒绒是针织面料的一种，为小元宝针织结构，是国内近两年冬天御寒的首选产品	大部分用于制作各种儿童冬装、短夹克、羊羔绒外套等
抓毛布	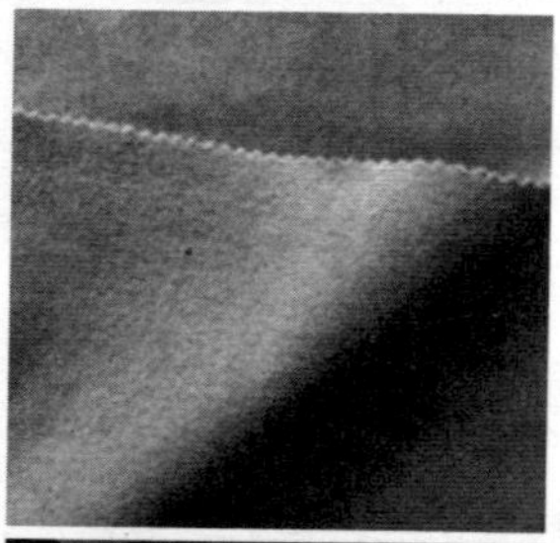 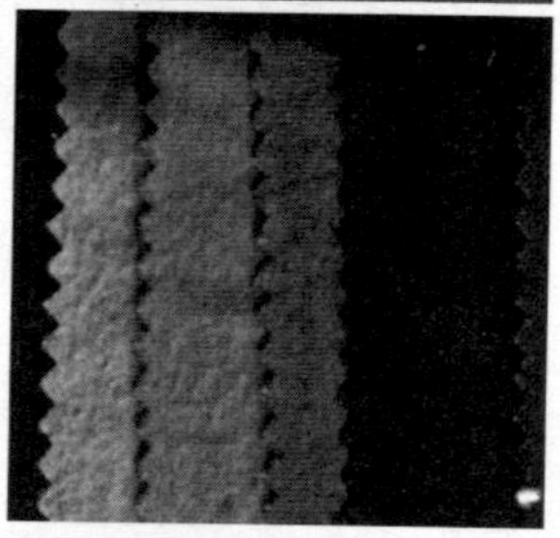	抓毛布一面起绒，具有强烈的风格和肌理，手感柔软舒适，弹性好，耐磨性较强，绒毛间能大量地储存空气，所以保暖性能良好	主要用来制作秋衣、衬裤
毛圈布	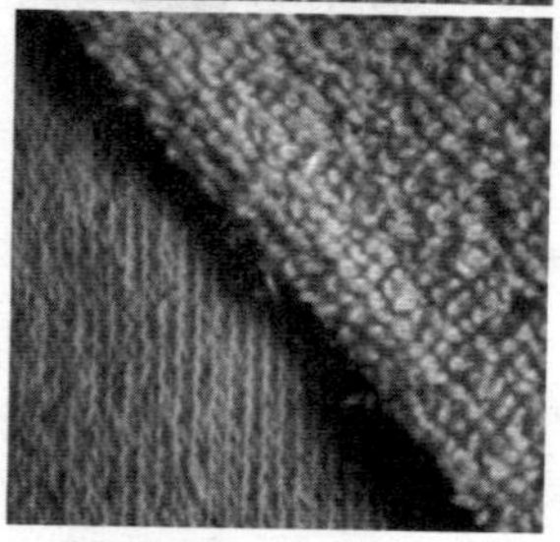	毛圈布通常较厚，毛圈部分可容纳更多空气，因此具有保暖性。毛圈部分经过拉毛加工，可加工为绒布，具有更加轻盈柔软的手感和更加优越的保暖性能	主要用作运动服、翻领、T恤衫、睡衣裤、童装等

第二节　童装使用的辅料

除了面料以外用于服装上的一切材料都称为服装辅料。服装辅料在市场上主要包括衬布、里料、拉链、纽扣、金属扣件、线带、商标、絮料和垫料等。

根据服装辅料的不同作用可将其分为：里料（棉纤维里料、丝织物里料、黏胶纤维里料、醋酯长丝里料、合成纤维长丝里料）；衬料（棉布衬、麻衬、毛鬃衬、马尾衬、树脂衬、黏合衬）；垫料（胸垫、领垫、肩垫、臀垫）；填料（絮类填料、材料填料）；缝纫线（棉缝纫线、真丝缝纫线、涤纶缝纫线、涤棉混纺缝纫线、绣花线、金银线、特种缝纫线）；扣紧材料（纽扣、拉链、其他扣紧材料）；其他材料（带类材料、装饰用材料、标示材料、包装材料）。

一、里料

里料是指用于部分或全部覆盖服装里面的材料。童装里料应着重考虑以下几个方面：一是童装穿脱滑爽方便，穿着舒适；二是减少面料与内衣之间的摩擦，起到保护面料的作用；三是增加服装的厚度，起到保暖的作用；四是使服装平整挺阔。里料可参考面料的特点来选择。

（一）里料的作用

里料具有良好的保形性，能够使服装更加挺括平整，从而达到最佳设计造型的效果。能够对服装面料起到保护、清洁作用，从而提高服装的耐穿性；能够增加服装的保暖性能，服装里料可加厚服装，提高服装对人体的保暖、御寒作用；能够使服装顺滑且穿脱方便。

（二）里料的介绍

1. 聚酯纤维里料

耐皱性、弹性和尺寸稳定性好，有良好的耐日光、耐摩擦性，不霉不蛀，有较好的耐化学试剂性能，能耐弱酸及弱碱。适合做高档裙装、大衣、短外套、斗篷等的衬里，如图2-11所示。

2. 醋酯纤维里料

色彩鲜艳、外观明亮，触摸柔滑、舒适，光泽、性能均接近桑蚕丝。与棉、麻等天然织物相比，醋酯纤维面料的吸湿透气性、回弹性更好，不起静电和毛球，贴服舒适。醋酯纤维面料也可用来代替天然真丝绸，用作各种高档品牌时装的里料，如风衣、皮衣、礼服、旗袍、婚纱、唐装、冬裙等，如图2-12所示。

3. 电力纺里料

电力纺是类桑蚕植物，以平纹组织制成。电力纺织物质地紧密细洁，手感挺括，光泽柔和，穿着滑爽舒适。可用作秋冬裙装的里料及上衣里料等，如图2-13所示。

4. 丝绵里料

孔隙多、吸湿透气、柔软舒适、悬垂挺括、视觉高贵、触觉柔美，特轻，柔软及坚牢度特高，经过防静电整理。缩水率超低，可常用洗衣机清洗且不易变形。常用作童装、裙装的里料。如图2-14所示。

二、衬料

服装衬料即衬布，是附在面料和里料之间的材料，它是服装的骨骼，起着衬垫和支撑的作用，从而保证服装的造型美，而且适应体型、身材，可增加服装的合体性。它还可以掩盖体型的缺陷，对人体起到修饰作用。衬料包括衬布和衬垫两种，在服装衣领、裙裤腰、西装胸部加贴的衬料为衬布，一般含有胶粒；为了体现肩部造型使用的垫肩及胸部为增加服装挺阔饱满风格使用的胸衬均为衬垫材料，一般没有胶。

童装在选衬料时应当注意以下几点：一是衬料的性能与服装面料的性能要相配，这时可以参考服装的面料进行选择；二是考虑到不同年龄段儿童服装的需求，多使用安全性的面料，以及舒适度较高不含甲醛的面料等；三是要与服装的造型设计相呼应，使整体看起来具有一致性。

各种常用衬料简介如下。

1. 双面黏合衬

通常用它来粘连固定两片布，如在贴布时可用它将贴布黏在背景布上，操作十分方便。市场上还有整卷带状的双面黏合衬，这种黏合衬在折边或者滚边时十分有用，用于腰衬、裤口、裙摆，如图2-15所示。

2. 树脂衬

成品做好后水洗不会有中空气泡，硬挺，有韧性不脱胶，能与布料完美贴合，用于腰衬，如图2-16所示。

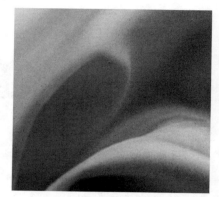

图2-11　聚酯纤维里料

图2-12　醋酯纤维里料

图2-13　电力纺里料

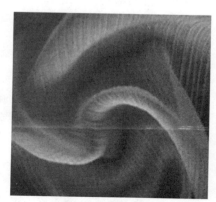

图2-14　丝绵里料

3. 纸衬

纸衬采用优质涤纶精心加工而成，轻薄，柔软，自然垂感好，亲肤感觉好，色泽柔和，不易起皱，是时髦女性所追求的时尚衬料。纸衬用于服装的门（里）襟、袖口、下摆、衣领、脚口等处的褶边，也用于光滑接缝、腰带、绑带、垫肩固定等，如图2-17所示。

4. 布衬

布衬是一种以针织布或梭织布为基布，再经过上热溶胶涂层加工而成。布衬的特点是拉力强、弹性好、耐洗耐用，多用于门（里）襟、领子、裤腰等部位，如图2-18所示。

图2-15　双面黏合衬

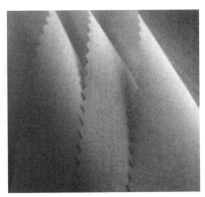
图2-16　树脂衬

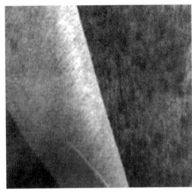
图2-17　纸衬

图2-18　布衬

三、其他

（一）纽扣

纽扣具有开合作用，又有装饰作用。纽扣的种类繁多，分类方法也很多，按结构可分为有眼纽扣、有脚纽扣，按材料可分为金属纽扣和非金属纽扣（图2-19）。

选择纽扣时需要注意纽扣的颜色与面料统一协调，不同地方使用的纽扣形状要统一，大小要主次有序，直径小、厚度薄的纽扣可用来作为纽扣背面的垫扣，以保证钉扣坚牢与服装的平整。童装选择纽扣时还是要考虑到材料的安全性、舒适度以及尽量避免潜在危险这几个方面。纽扣有按扣、两眼扣、四眼扣等。

在给宝宝选择纽扣时，要注意实用性和安全性。由于我们的宝宝手比较小，纽扣尽量选择得立体一些，方便穿脱。市场上有许多各式各样图案的纽扣，非常具有童趣，妈妈们也可以选择，但是前提是纽扣上不要有锋利尖锐的边缘，否则会划伤刺伤宝宝。在缝制的时候也要缝得结实一些，避免脱落导致孩子误食。另外，金属纽扣等一些材质坚硬，具有安全隐患和不方便宝宝穿脱的纽扣不建议使用。

图2-19

图2-19 童装常见纽扣

（二）拉链

我们生活中常见的拉料有尼龙拉链、金属拉链、隐形拉链、树脂拉链。在给童装选择拉链时要注意以下几点：一是注意安全性；二是根据服装的用途、面料的厚薄性能和颜色以及拉链的使用部位来选择；三是应该考虑拉链的柔软度、颜色及与面料的协调性。

1. 尼龙拉链

尼龙拉链牙齿是用尼龙单丝通过加热压模缠绕中心线组成的（图2-20）。相比金属拉链、树脂拉链，尼龙拉链有成本低、产量大、普及率高的特点，其质地的柔软性在童装中使用非常普遍。

2. 金属拉链

拉链的链牙材质为金属材料，包括铝质、铜质（黄铜、白铜、古铜、红铜等）等（图2-21）。金属拉链的链牙结实、耐用，用于裙装、裤装开合，也是一种装饰，在牛仔服饰中使用较多。但是金属拉链质地比较硬，不适用于童装中，建议尽量不要使用。

3. 隐形拉链

隐形拉链属于尼龙拉链的一种，由单丝围绕中心线成型呈螺旋状（图2-22），缝合在布带上将布带内褶外翻，经拉头拉合后，正面看不到链牙的拉链，在童装外衣中使用较多，如裙装、上衣等隐蔽开口处。

4. 树脂拉链

链牙由聚甲醛通过注塑成型工艺固定在布带带筋上的拉链（图2-23），可用在裙子和裤子中。但因为材质较硬，不建议在童装中使用。

图2-20 尼龙拉链　　图2-21 金属拉链　　图2-22 隐形拉链　　图2-23 树脂拉链

（三）其他装饰性辅料

1. 蕾丝花边

装饰材料包括花边、流苏等坠饰材料（图2-24），它们对服装起到装饰和点缀的作用，增加服装的美感和附加值。随着服装的发展，装饰材料的品种也在不断增加，花边是最常见的装饰材料，常用作服装的镶边，在女童装中比较常用。

童装在选取装饰材料时应该注意选料的安全性，装饰材料的无毒性，不会伤害到儿童的身体，金属片、珠光片之类的材料应尽量少用，避免潜在的穿着危险。

图2-24　童装中的常见蕾丝装饰

2. 装饰补丁

补丁贴在有孩子的家庭中非常实用：一是因为这种装饰十分安全，不会对儿童造成任何伤害和危险；二是除了装饰作用外还有实用功能，儿童好动但身体仍在生长发育阶段，容易因活动造成跌倒，可能会对服装产生破损和损害，补丁可以对破损处进行修补，如图2-25所示。

补丁一般有两种，一种是有背胶的补丁，另一种是没有背胶的补丁。有背胶的布丁可以用比较简单的方法，对其进行熨烫，使其粘贴在服装上。补丁可以采用缝纫的办法，直接缝制在服装上，有背胶的补丁也可以缝在服装上。在补丁的选择上尽量选择柔软的、棉质的，为了保证宝宝的安全，不建议使用带有金属铆钉等相对比较危险的装饰品补丁。

图2-25 童装中的装饰补丁

第三章　制作童装需要的人体数据

初步了解了理论知识，接下来终于可以撸起袖子大展身手啦！
想到自己亲爱的宝宝可以穿上妈妈亲手缝制的美衣是不是迫不及待想要跃跃欲试了？
先别急，先来了解宝宝身体各部位的身体数据，才是制作服装的第一步，也是最重要的一步。
在为宝宝们进行测量时一定要准确，只有认真做好每一步，最后的成品才会把误差减到最小。
接下来让我们学习如何为宝宝量体吧！

第一节　测量工具及方法

儿童身体测量是测量宝宝有关部位的长度、宽度和围度。量体后所得的数据和尺寸，既可以作为童装设计制作的重要依据，又可以精确表示儿童身体各部位的体型特征。

一、儿童身体测量的意义

儿童身体测量是进行童装结构设计的前提。只有通过儿童身体测量，才能掌握童体相关部位的具体数据，并进行分析与结构制图，只有这样才能使设计出的童装适合儿童的体型特征，穿着舒适，外形美观。

儿童身体测量所得到的数据不仅是童装制作的重要依据，还影响童装款式的潮流。对于为宝宝制作服装的家长们而言，宝宝身体数据的使用，最直观的感受就是服装是否合体。因此儿童身体测量作为制作服装的第一步就显得尤为重要。

总之，儿童身体测量是在童装设计、制作中十分重要的基础性工作，因此必须要有一套科学的测量方法，同时要有相应的测量工具，才能对宝宝进行准确地量体。

二、需要的测量工具

（一）软尺

我们最常用的测量工具为软尺，尺寸稳定，刻度精确，以毫米为单位。软尺是一种质地柔软的尺子，一般由伸缩性小的玻璃纤维制成。主要用于测量人体尺寸和裁片的长度。其两侧分别印有公制和英制或其他计量单位的刻度，长度一般为150厘米。如图3-1所示。

（二）笔

常用的记录工具：普通签字笔、铅笔。如图3-2所示。

图3-1　软尺

（三）尺寸记录单

准备一张白纸，并写出即将需要测量的部位。为方便各位妈妈们清晰、准确、有条理地记录数据，这里提供给妈妈们一个尺寸记录单，可以参照此单对测量数据进行记录，见表3-1。

三、测量要求

在测量时要准确观察宝宝的体型特点，并记录说明，在画服装裁剪图时注意处理。目前，大部分情况下人体测量主要采用的是手工测量，测量时选取内限尺寸（净尺寸：即穿着对身体没有任何束缚的内着装。）定点测量，因此在测量时应最大限度地减少误差，提高精确度。详细了解并掌握各个部位尺寸的量取方法及要领对服装制作的精确度来说非常重要。

图3-2　笔

表3-1 尺寸记录单　　　　　　　　　　　　　　　　　　　　　　　　　　　　　　　　　　　　单位：厘米

序号	部位	标准测量数据
1	裙长	
2	腰围	
3	臀围	
4		
5		

（一）儿童身体测量的基本姿势

儿童身体测量的基本姿势是直立姿势和坐姿，较小婴儿身体测量的基本姿势是仰卧，如图3-3所示。

直立姿势（简称立姿）是指让宝宝挺胸直立，眼睛平视前方，两腿要并拢，肩部放松，上肢自然下垂，手伸直，头放正，双眼正视前方，呼吸均匀，两臂自然下垂贴于身体两侧，手掌朝向体侧，手指轻贴大腿侧面，膝部自然伸直，左、右足后跟并拢，前端分开，体重均匀分布于两足。为保持直立姿势正确，宝宝应使足后跟、臀部和后背部与同一铅垂面相接触。

坐姿是指宝宝挺胸坐在椅面高度与膝盖骨高度水平的材质较硬的座椅上，眼睛平视前方，左右大腿大致平行，膝关节大致曲成直角，脚平放在地面上。为保持坐姿正确，宝宝的臀部、后背部也应靠在同一垂面上。

仰卧姿势是使宝宝脸向上平躺，两腿并拢伸直，两臂自然放平。年龄较小的婴儿须有成人的辅助保持正确的测量姿态。

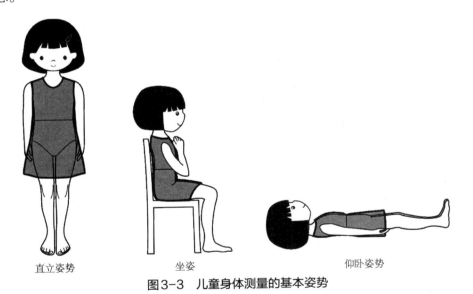

直立姿势　　　　坐姿　　　　仰卧姿势

图3-3　儿童身体测量的基本姿势

（二）儿童身体测量时的着装

要求宝宝身着对体型无修正作用的适体内衣。在给宝宝进行量体时，所穿服装不要过分合体，应该有适度的宽松量，男女宝宝都应在一层内衣外测量。如果不得已必须在衬衫或连衣裙的外面测量，要估算出它的余量再进行量体。

（三）对测量者的要求

量体时，首先在人体上正确选择与服装密切相关的测体基本点（线）作为人体测量基点，这样，将会有利于初学者掌握，并使测量数据具有相对的准确性。详情请参照第二节内容。

应仔细观察被测量者的体型特征。在测体的同时，要有条不紊、迅速地正确测量，还要观察出体型的特征。可从正面、侧面和背面三方面观察，对特殊体型部位应增加测体内容，并注意做好记录，以便在服装规格及裁剪绘图中进行相应的调整。

（四）对尺寸测量的要求

测量时选用净尺寸（也称为内限尺寸）是确立人体基本模型的参数。为了使净尺寸测量准确，被测者要穿适体内衣，适体内衣是指对人体无任何矫正状态的内着装。净尺寸的另一种解释叫内限尺寸，即各尺寸的最小极限或基本尺寸，如胸围、腰围、臀围等围度测量都不加松量；袖长、裤长等长度原则上并非指实际成衣的长度，而是这些长度的基本尺寸，设计者可以依据内限尺寸进行设计(或加或减)。这种测量方法，给了妈妈们在设计造型和制作服装中非常广阔的创作天地，同时也不失其基本要求。

四、测量方法

测体应在赤足的情况下进行，如果做不到这点，应保证测量时被测者穿尽可能少的衣服，且这些衣服不能严重影响人体形态或妨碍尺寸的准确测量。要想做出合体、舒适、美观的服装，就要测量着装人的身体尺寸，取得数值是所有工作的前提。人体尺寸测量的方法有很多，下面介绍的方法是服装结构设计中最常用的测量方法——沿体表测量。这种测量方法简单实用，不需要复杂的机器设备辅助，随时随地都可以实施，但是这种测量方法仅仅能够判断人体的高矮、大致的胖瘦等简单的人体特性，属于简单的一维测量范畴。直量时，软尺要垂直测量。在测量围度时，皮尺不宜拉得过紧或过松，以软尺呈水平状并能插入两个手指为宜。左手持软尺的零起点一端贴紧测点，右手持软尺水平绕测位一周，记下读数。软尺在测位贴紧时，其状态既不脱落，也不使被测者有明显扎紧的感觉为最佳。长度测量、围度测量一般随人体起伏，并通过中间定位的测点进行测量。

量体的顺序一般是先横后竖，由上而下。测量时养成按顺序进行的习惯，这是有效地避免一时疏忽而产生遗漏现象的好方法，同时，还要及时清楚地做好记录。

第二节 人体简介

人体所需测量的关键部位，从人体测量学的角度说，是以骨骼的测量为基础而决定的测量点。这些测量点也有可以直接应用到衣服构成中的。下面就教给妈妈们简单易行的测量步骤。

一、儿童身体测量的基准点和基准线

（一）儿童身体测量的基准点

常常是骨骼的端点，包括以下部位。

1. 头顶点

人体直立时头顶最高点是测量身高的基准点，是人体前中心线的顶点，它是测量总体高的基准点，如图3-4所示。

2. 下颌点

它与头顶点的间距为头长尺寸，当知道身长值时（除以头长）就知道了各自的头身表示数，是功能性上衣帽子设计的参考尺寸之一，如图3-4所示。

3. 前颈点(FNP)

在人体前中心线上胸骨上端和左右锁骨的中间、左右锁骨在前中线的汇合点，又称锁骨窝，如图3-4所示。

4. 侧颈点(SNP)

在侧颈与肩的交叉点上，颈根正侧中点稍后处，是颈部到肩部的转折点，所以也被看作是肩线的基点。这也是上衣的前后肩缝在侧颈部的交叉点，但由于这个部位没有一块可以准确定位的骨头，所以测量时不易把握，要看好前后左右的比例后再定，如图3-4所示。

5. 后颈点(BNP)

在人体后中心线上，头部低下时后颈根部最为凸起的点，称为第7颈椎棘突起或隆椎，即第7颈椎点。该点十分重要，脖颈向前倾倒就能看到，从体表也能触摸到。它是测量背长和衣长的基准点，如图3-4所示。

6. 肩点(SP)

肩点是测量肩宽、袖长等尺寸的基准点。同时也是袖子结构中袖山高点和绱袖对位点，如图3-4所示。

7. 前腋点

手臂自然下垂时，臂根与胸部形成纵向褶皱的起始点，是测量人体胸宽的基准点，如图3-4所示。

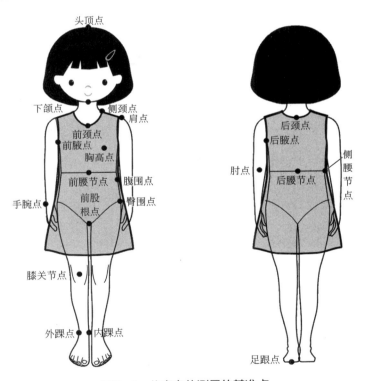

图3-4 儿童身体测量的基准点

8. 后腋点

手臂自然下垂时，臂根与背部形成纵向褶皱的起点，是测量人体背宽的基准点，并与前腋点、肩点构成袖窿围的基本参数，如图3-4所示。

9. 胸高点(BP)

胸部最高的乳点，即制图时的BP点，也叫胸点，是决定胸围的基准点，也是女装结构设计中胸省凸点的基准,是非常重要的基准点,如图3-4所示。

10. 前腰节点

前中心线与腰部最细处水平线的交点,是测量腰围和前中心长的基准点,如图3-4所示。

11. 侧腰节点

在人体侧缝线与腰围线的交叉位置上。侧腰节点是测量裙子、裤子及腰长等的基准点,如图3-4所示。

12. 后腰节点

后中心线与腰部最细处水平线的交点,与前腰节点构成腰围线,也是测量人体背长的基准点,如图3-4所示。

13. 骨盆点

处于骨盆凹进处,刚好处于中臀部位,所以也是测量人体腹围的基准点,如图3-4所示。

14. 大转子点

股骨与骨盆连接的最高点。此点刚好与臀部最丰满处水平线相贯通,所以是测量臀围尺寸的参照点。测取该点时,腿向外侧张开就容易看出,大腿侧臀部明显的凸起点就是该点,如图3-4所示。

15. 股上点

人体后部臀与腿部肌肉的分界处,即臀股沟的位置,是测定下裆长、腿长、体干长度的重要基准点,如图3-4所示。

16. 前股根点

在前大腿开衩顶点的位置,它是测定躯干长和腿长的分界点位置,如图3-4所示。

17. 肘点

肘关节的突起点,决定服装样板中肘线的水平位置以及肘省的突起部位,如图3-4所示。

18. 手腕点

前臂尺骨端点,是测量袖长、肩袖长的基准点,也是测量腕围尺寸的基准点,如图3-4所示。

19. 膝关节点

膝关节的髌骨处,是确定裤子中裆位置、裙长、裤长的重要基准点,如图3-4所示。

20. 内踝点

内踝胫骨下端点,是测量裤长、裙长等的重要基准点,同时也是测量人体足围的基准,如图3-4所示。

21. 外踝点

外踝胫骨下端点,与内踝点具有同样的意义,如图3-4所示。

22. 足跟点

在后足跟底端,这是测量身高、腰围高、裤长及足跟围度的基准点,如图3-4所示。

从以上的测量点来看,这些测点大多作用于对应的运动部位,如颈部、肩部、肘部、腰部、臀部和膝部等,所以实际应用这些测点时要正确理解测点与测量尺寸、运动机能的关系。

(二)儿童身体测量的基准线

基准线是以人体型体凹凸状变化大的部位为基准的线,包括以下部位。

1. 颈围线(NL)

是测量颈围长度的基准线,通俗地来说就是我们宝宝脖子根部的周长。通过左右颈侧点(SNP)、后颈点(BNP)、前颈点(FNP)测量得到的尺寸，如图3-5所示。

2. 胸围线(BL)

通过胸部最高位置水平围度线，是测量胸围大小的基准线。宝宝服装中胸围是主要的控制数值，如图3-5所示。

3. 腰围线（WL）

由于宝宝是凸肚体，腰围线不明显，可以参照胯骨上端与肋骨下端之间的水平围长确定宝宝的腰围线，如图3-5所示。

4. 臀围线(HL)

通过臀围最丰满处的水平围度线，是测量人体臀围大小的基准线，如图3-5所示。

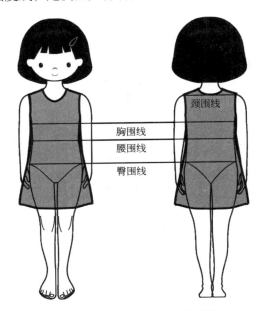

图3-5　儿童身体测量的基准线

二、儿童身体测量的部位与方法

儿童身体测量的部位由测量目的决定，测量的目的不同，所需要测量的部位也不同。不同年龄阶段测量的部位与方法不同。下面介绍的是中华人民共和国国家标准GB/T 22044—2017《婴幼儿服装用人体测量的部位与方法》，2017年12月29日发布，2018年7月1日实施。

其规定了婴幼儿服装用人体测量的部位与方法。适用于对年龄在24个月及以内的婴幼儿的人体测量。适用于各类服装及服饰配件所需的婴幼儿人体尺寸数据的测量，但并不是所有的本标准定义的婴幼儿人体尺寸在婴幼儿人体测量和婴幼儿服装生产中都是必需的。

GB/T 16160—2017《服装用人体测量的尺寸定义与方法》如下。

（一）水平尺寸

1. 头围（head girth）

两耳上方水平测量的头部最大围长，如图3-6所示。

2. 颈根围（neck base girth）

经第7颈椎点、颈根外侧点及颈窝点测量的颈根部围长，如图3-7所示。

3. 肩长（shoulder length）

也称侧肩宽，被测者手臂自然下垂，测量从颈根外侧点至肩峰点的直线距离，如图3-8所示。

4. 总肩宽（across back shoulder）

被测者手臂自然下垂，测量左右肩峰点之间的水平弧长如图3-9所示。

5. 胸宽（front chest width）

被测者手臂自然下垂，经过胸部测量两个前腋点间的水平距离，如图3-10所示。

6. 胸围（chest/bust girth）

经肩胛骨、腋窝和乳头测量的最大水平围长，如图3-11所示。

7. 腰围（waist girth）

胯骨上端与肋骨下缘之间自然腰际线的水平围长，如图3-12所示。

图3-6 头围　　图3-7 颈根围　　图3-8 肩长　　图3-9 总肩宽　　图3-10 胸宽　　图3-11 胸围　　图3-12 腰围

8. 臀围（hip girth）

在臀部最丰满处测量的臀部水平围长，如图3-13所示。

9. 腋围（armscye girth）

被测者手臂自然下垂，测量以肩峰点为起点，经前腋窝点、腋窝、后腋窝点，再至起点的围度，如图3-14所示。

10. 上臂围（upper-arm girt）

被测者手臂自然下垂，在腋窝下部测量上臂最粗的水平围长，如图3-15所示。

11. 肘围（elbow girth）

被测者手臂伸直，手指朝前，测量肘部围长，如图3-16所示。

12. 腕围（wrist girth）

被测者手臂自然下垂，测量腕骨部位围长，如图3-17所示。

13. 大腿根围（thigh girth）

测量大腿最高部位的水平围长，如图3-18所示。

14. 膝围（knee girth）

被测者直立，测量膝部的围长。测量时软尺上缘与胫骨点（膝部）对齐，如图3-19所示。

图3-13 臀围　　图3-14 腋围　　图3-15 上臂围　　图3-16 肘围　　图3-17 腕围　　图3-18 大腿根围　　图3-19 膝围

15. 腿肚围（calf girth）

测量小腿腿肚最粗的水平围长，如图3-20所示。

16. 踝围（ankle girth）

经踝骨突出点测量踝骨中部的围长，如图3-21所示。

（二）垂直尺寸

1. 身高(height)

被测者平躺于台面，腿伸直，脚与腿成90°，测量自头顶至脚跟的直线距离，如图3-22所示。

2. 头颈长(head and neck length)

被测者平躺于台面，腿伸直，头伸直，颈部不要弯曲，沿头颈部自头顶至第7颈椎点的距离，如图3-23所示。

3. 躯干长(trunk length)

被测者平躺于台面，测量第7颈椎点至会阴点的直线距离，如图3-24所示。

4. 腰围高（waist height）

被测者平躺于台面，将腿伸直，脚与腿成90°，沿体侧测量从腰际线至脚跟的直线距离，如图3-25所示。

5. 臀围高(hip height)

被测者平躺于台面，将腿伸直，脚与腿成90°，沿体侧测量从臀围线至脚跟的直线距离，如图3-26所示。

6. 直裆(true rise)

被测者坐在硬而平的台面，在体侧测量从腰际线至台面的垂直距离，如图3-27所示。

图3-20 腿肚围　　图3-21 踝围

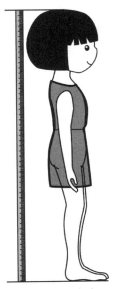 

图3-22 身高　　图3-23 头颈长

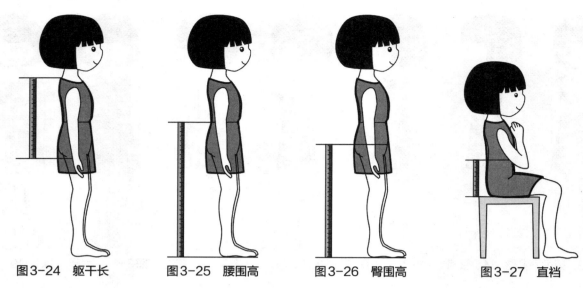

图3-24 躯干长　　图3-25 腰围高　　图3-26 臀围高　　图3-27 直裆

7. 膝围高（knee height）

被测者平躺于台面，腿伸直，脚与腿成90°，测量自膝后部中小点至脚跟的直线距离，如图3-28所示。

8. 外踝高（ankle height）

被测者平躺于台面，将腿伸直，腿成90°，测量自外侧踝骨最突出部位至脚跟的直线距离，如图3-29所示。

9. 颈椎点高（cervicale height）

被测者平躺于台面，将腿伸直，脚与腿成90°，测量自第7颈椎点，沿背部脊柱曲线至臀围线，再至脚跟的长度，如图3-30所示。

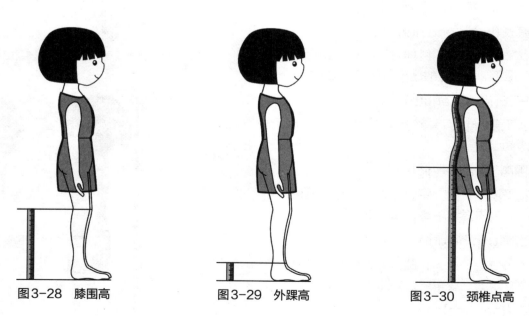

图3-28 膝围高　　图3-29 外踝高　　图3-30 颈椎点高

10. 腋窝深（scye depth）

用一根软尺经腋窝下水平绕被测者人体一圈，用另一根软尺测量自第7颈椎点至第一根软尺上缘部位的直线距离，如图3-31所示。

11. 背腰长（center back waist length）

测量自第7颈椎点沿脊柱曲线至腰际线的曲线长度，如图3-32所示。

12. 颈椎点至膝长（cervicale to knee height）

被测者平躺于台面，将腿伸直，测量从第7颈椎点到膝后部中心点的直线距离，如图3-33所示。

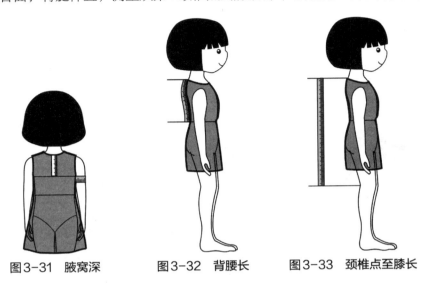

图3-31　腋窝深　　　图3-32　背腰长　　　图3-33　颈椎点至膝长

13. 前腰长（center front waist length）

测量自颈根外测点经乳头点，再至腰际线所得的距离，如图3-34所示。

14. 腰至臀长（waist to hip-length）

被测者平躺于台，将腿伸直，沿体侧测量从腰际线到臀围线的直线距离，如图3-35所示。

15. 腰至膝长（waist to knee）

被测者平躺于台面，将腿伸直，沿体侧测量从腰际线到与膝后部中心点水平线的直线距离，如图3-36所示。

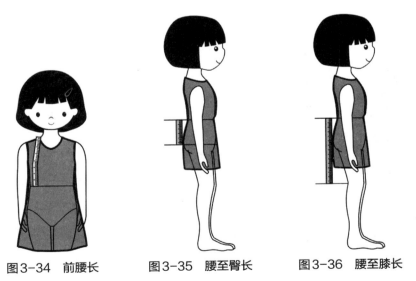

图3-34　前腰长　　　图3-35　腰至臀长　　　图3-36　腰至膝长

16. 躯干围（trunk girth）

以右肩线（颈根外侧点与肩峰点连线）的中点为起点，从背部经腿分叉处过会阴点，经右乳头至起点的长度，如图3-37所示。

17. 肩臂长（shoulder and arm length）

被测者右手握拳，手臂弯曲成90°，从颈侧点开始经肩峰点沿手臂外侧，经桡骨点(肘部)至尺骨茎突点(腕部)的距离，如图3-38所示。

18. 臂长（arm length）

被测者右手握拳，手臂弯曲成90°，测量自肩峰点，经桡骨点(肘部)至尺骨茎突点（腕部)的长度，如图3-39所示。

19. 颈椎点至腕长（cervicale to wrist）

被测者右手握拳，手臂弯曲成90°，测量自第7颈椎点经肩峰点，沿手臂过桡骨点（肘部)至尺骨茎突点(腕部)的长度，如图3-40所示。

图3-37 躯干围

图3-38 肩臂长

图3-39 臂长

图3-40 颈椎点至腕长

20. 会阴上部前后长（crotch length）

下躯干弧长，测量自前身腰际线中点经会阴点至背部腰际线中点的曲线长，避免裆部的压迫，如图3-41所示。

21. 腿内侧长（crotch height）

会阴高，被测者平躺于台面，将腿伸直，脚与腿成90°，测量自会阴点到脚跟的直线距离，如图3-42所示。

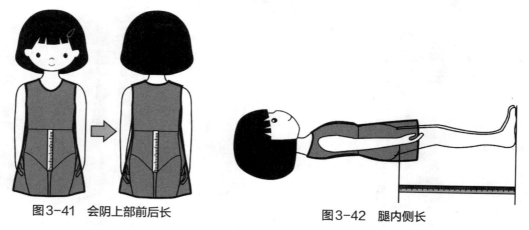

图3-41 会阴上部前后长　　　　图3-42 腿内侧长

（三）其他

1. 体重（body weight）

被测者穿着内衣的情况下，在校准的体重计上显示的重量。

2. 手长（hand length）

被测者右前臂与伸展的右手成直线，四指并拢，拇指外开，测量自中指尖至掌根部第一条皮肤皱褶的距离，如图3-43所示。

3. 掌围（hand width）

右手伸展，四指并拢，拇指外开，测量不包括大拇指在内的手掌最大围长，如图3-43所示。

4. 足长（foot length）

被测者赤足，脚趾伸展，测量最突出的足趾尖点与足后跟最突出点连线的最大直线距离，如图3-43所示。

5. 足宽（foot width）

被测者赤足，测量脚的一侧到另一侧最宽的直线距离，如图3-43所示。

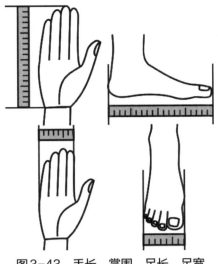

图3-43　手长、掌围、足长、足宽

第三节　儿童各年龄段人体号型

一、童装的尺码号型

我国现今使用的儿童服装号型标准是GB/T 1335.3—2009，替代了之前的GB/T 1335.3—1997，本号型标准规定了婴幼儿和儿童服装的号型定义、号型标准、号型应用和号型系列。本节介绍0～3岁的婴幼儿时期、4～6岁的小童时期的服装号型。

（一）号型的定义和标志

1. 号型的定义

号（height）：指人体的身高，以厘米为单位，是设计和选购服装长短的依据，如图3-44所示。

型（girth）：指人体的胸围或腰围，以厘米为单位，是设计和选购服装肥瘦的依据，如图3-44所示。

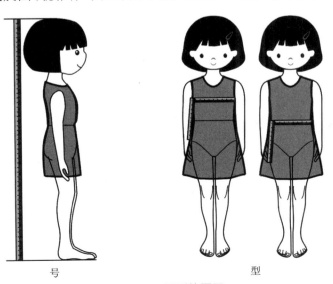

图3-44　号型的图示

2. 号型的标志

儿童服装号型标志有很多种，主要分为年龄码和身高码。现在为妈妈们介绍几种常见的儿童服装号型。

（1）M表示月的意思，属于年龄码，3M就是适合3个月左右的宝宝穿着；T或Y表示年或者是岁，2T就是2岁的宝宝穿着；3Y就是3岁的宝宝穿着。

（2）身高码是以#表示，80#就是适合身高80厘米左右的宝宝穿着。如图3-45所示。#还有一种表示含义，也是指年龄，适合相应年龄的儿童穿着，1#适用于1岁左右的宝宝穿着。如图3-46、图3-47所示。

（3）以上几种号型都属于模糊性尺码，下面为妈妈介绍的这种"号/型"属于确定性尺码，是服装中最为常见和常用的号型。比如上装号型100/48，表明该服装适用于身高98～102厘米、胸围46～49厘米的儿童穿着；下装号型110/50，表示该服装适用于身高108～112厘米、腰围48～51厘米的儿童穿着。如图3-48所示。

图3-45 73#身高尺码

图3-46 80#身高尺码

图3-47 4#身高尺码

图3-48 20/60尺码

（二）我国儿童服装号型系列表

1. 婴儿号型系列

身高52～80厘米婴儿，身高以7厘米分档，胸围以4厘米分档，腰围以3厘米分档，分别组成7·4和7·3系列。上装号型系列见表3-2，下装号型系列见表3-3。

表3-2 身高52～80厘米婴儿上装号型系列　　　　　　　　　　　　　　　　　　　　　　　单位：厘米

号	型		
52	40		
59	40	44	
66	40	44	48
73		44	48
80			48

表3-3 身高52～80厘米婴儿下装号型系列　　　　　　　　　　　　　　　　　　　　　　　单位：厘米

号	型		
52	41		
59	41	44	
66	41	44	47
73		44	47
80			47

2. 小童号型系列

小童泛指身高80～130厘米的儿童,身高以10厘米分档,胸围以4厘米分档,腰围以3厘米分档,分别组成10·4和10·3系列。上装号型见表3-4,下装号型见表3-5。

表3-4　身高80～130厘米儿童上装号型系列　　　　　　　　　　　　　　　　　　　　　　　　　单位:厘米

号	型				
80	48				
90	48	52			
100	48	52	56		
110		52	56		
120		52	56	60	
130			56	60	64

表3-5　身高80～130厘米儿童下装号型系列　　　　　　　　　　　　　　　　　　　　　　　　　单位:厘米

号	型				
80	47				
90	47	50			
100	47	50	53		
110		50	53		
120		50	53	56	
130			53	56	59

妈妈可以针对自己宝宝的胖瘦情况选择服装号型,40厘米胸围的服装适合的宝宝比较瘦小,48厘米胸围的服装适合比较圆润的宝宝。

3. 我国童装服装号型系列控制部位数值

控制部位数值是人体主要部位的数值(系净体数值),是设计服装规格的依据。长度方向有身高、坐姿颈椎点高、全臂长和腰围高四个部位,围度方向有胸围、颈围、总肩宽、腰围和臀围五个部位。在我国服装号型中,身高80厘米以下的婴儿没有控制部位数值,身高80～130厘米儿童控制部位的数值见表3-6、表3-7、表3-8。儿童控制部位的测量方法,如图3-49所示。

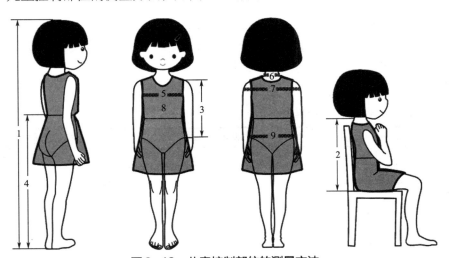

图3-49　儿童控制部位的测量方法

1—身高;2—坐姿颈椎点高;3—全臂长;4—腰围高;5—胸围;6—颈围;7—总肩宽(后肩弧长);8—腰围(最小腰围);9—臀围

表3-6　80～130厘米儿童服装长度控制数值　　　　　　　　　　　　　　　　　　　　　　　　　单位：厘米

号		80	90	100	110	120	130
长度部位	身高	80	90	100	110	120	130
	坐姿颈椎点高	30	34	38	42	46	50
	全臂长	25	28	31	34	37	40
	腰围高	44	51	58	65	72	79

表3-7　80～130厘米儿童上装围度控制数值　　　　　　　　　　　　　　　　　　　　　　　　　单位：厘米

上装型		48	52	56	60	64
围度部位	胸围	48	52	56	60	64
	颈围	24.20	25	25.80	26.60	27.40
	总肩宽	24.40	26.20	28	29.80	31.60

表3-8　80～130厘米儿童下装围度控制数值　　　　　　　　　　　　　　　　　　　　　　　　　单位：厘米

下装型		47	50	53	56	59
围度部位	腰围	47	50	53	56	59
	臀围	49	54	59	64	69

二、童装常用尺码表

根据各个国家、各个地区的基因影响、生活习惯、饮食规律的不同，所形成的人的体型也不同。下面为妈妈们提供国际标准童装尺码对照表，见表3-9。此表仅供参考，不建议作为主要根据，如果在选购外贸服装或者国外品牌服装时希望可以帮助到各位妈妈们。

表3-9　国际标准童装尺码对照　　　　　　　　　　　　　　　　　　　　　　　　　　　　　　　单位：厘米

年龄	尺码	身高	上装（胸围）	下装（腰围）
2～3岁	4#	90	48	47
3～4岁	5#	100	52	50
4～5岁	6#	110	56	53
6～7岁	7#	120	60	56
8～9岁	8#	130	64	59

我们国家的童装尺码表有一些新的变化，变得更加精确和具体，更方便家长给孩子们选购服装。但是两种尺码在更换和衔接的时候可能在市场上都会出现，这里给出大家一个新旧尺码对比表，方便对比和选购，见表3-10。

表3-10　国内童装尺码对照表（国内新、旧标准）　　　　　　　　　　　　　　　　　　　　　　单位：厘米

年龄	上装（原尺码）	上装（新尺码）（身高/胸围）	下装（原尺码）	下装（新尺码）（身高/腰围）
3～4岁	4#	100/48	S	100/47
5～6岁	6#	110/52	S	110/50
6～7岁	8#	120/56	M	120/53
8～9岁	10#	130/60	X	130/56

国内还有一些其他的号型尺码，比如我们之前提到的M、#等常见号型尺码，现在我们把所有的常见号型尺码罗列出来，分别对应身高130cm以下幼童的年龄、身高、胸围、腰围，给大家更详细的参考。除了年龄、身高等号型的尺码规定外，我们还可以通过胸围、腰围等控制数值对照来选购童装，见表3-11。

表3-11 国内其他常见童装尺码对照　　　　　　　　　　　　　　　　　　　　　　　　　　　　　　单位：厘米

年龄尺码	身高尺码	单号尺码	双号尺码	对照年龄（岁）	对照身高（cm）	对照胸围（cm）	对照腰围（cm）
3M	50	—	—	0～0.3	52～59	40	40
6M	65	—	—	0.3～0.6	59～73	44	33
1Y	75	1#	2#	0.6～1	73～80	48	48
1Y～2Y	80	1#～3#	2#～4#	1～2	75～85	50	49
2Y～3Y	90	3#	4#	2～3	85～95	52	50
3Y～4Y	100	5#	6#	3～4	95～105	54	51
4Y～5Y	110	7#	8#	4～5	105～115	57	52
6Y～7Y	120	9#	10#	6～7	115～125	60	54
8Y～9Y	130	11#～13#	12#～14#	8～9	125～135	64	57

三、常见童装款式尺寸标准

下面给大家介绍一些常见的童装尺寸标准，为接下来的服装制作做准备。以下数据不是确定的数据，是根据孩子的身高、围度等数据推算出的服装的大致数据，不作为制作服装的唯一根据。在某些情况下鉴于不能对宝宝进行量体的时候，可以参照表3-12。不过，如果情况允许还是建议妈妈们量好宝宝身体各部位的数据进行裁衣，这样才能做出更适合宝宝的服装。

表3-12 童装衣长尺寸对照　　　　　　　　　　　　　　　　　　　　　　　　　　　　　　　　　单位：厘米

年龄（岁）	身高	上衣长（身高40%）	短裤长（身高25%）	长裤长（身高60%）	外套长（身高62.4%）	夹克（身高49%）	大衣（身高75%）	连衣裙（身高78%）	短裤（身高30%）
1～2	70～80	28～32	18～20	42～48	44～50	—	—	55～62	21～24
2～3	80～90	32～36	20～23	48～54	50～56	40～44	—	62～70	24～27
3～4	90～100	36～40	23～25	54～60	56～62	44～49	68～75	70～78	27～30
4～5	100～110	40～44	25～28	60～66	62～69	49～54	75～83	78～86	30～33
6～7	110～120	44～48	28～36	66～72	69～75	54～59	83～90	86～94	33～36

以上是根据宝宝身高按比例推算出的一些简单的服装款式的长度，妈妈们可以根据自己宝宝的身高进行具体的推算，也可以对宝宝进行量体，直接使用所量出的数据。

下面给出一些童装款式的具体长度，见表3-13。这些长度也不是一成不变的，可以根据自己宝宝的身高对服装长度进行适当变化，如果想做一个长一些的大衣可以适当加长，想做一个半大的小外套可以适当减少。

表3-13 童装各款式对应衣长　　　　　　　　　　　　　　　　　　　　　　　　　　　　　　　　单位：厘米

年龄（岁）	身高	T恤长衣	春秋外套长	冬季外套长	长裤长	短裤长	长大衣长	连衣裙长
0.5～1	70	28	30	32	42	17	39	42
1～2	80	32	34	37	48	19	45	48
2～3	90	36	38	41	54	22	51	54
3～4	100	40	43	46	60	24	56	60
4～5	110	44	47	50	66	27	62	66
6～7	120	48	51	55	72	29	67	72

儿童身体测量是制定童装号型规格标准的基础。童装号型标准的制定是建立在大量儿童身体测量的基础之上，通过人体普查的方式对成千上万的儿童进行测量，并取得大量的人体数据，然后过行科学的数据分析和研究，在此基础上制定出正确的童装号型标准。表3-14是3个月至10岁宝宝身体各部位的数据，制作服装时可以参照此表。

表3-14 中国0~10岁男女童标准尺寸

单位：厘米

项目	3/6M	6/12M	12/18M	18/24M	2/3Y	3/4Y		4/5Y		5/6Y		6/7Y		7/8Y		8/9Y		9/10Y	
						男	女	男	女	男	女	男	女	男	女	男	女	男	女
身高	60	72	86	92	98	104		110		116		122		128		134		140	
胸围	42	46	49	53	55	57		59		61		64	63	67	66	70	69	73	72
腰围	40	44	47	51	53	54		56		58		60	59	62	60	64	61	66	62
臀围	41	46	50	54	56	58	59	61	62	64	65	67	68	70	71	73	74	76	77
总肩宽	17	20	22	23	24.5	26		27.5		29	28.5	30.5	29.5	32	30.5	33.5	31.5	35	32.5
肩宽	5.6	6.2	6.6	7	7.4	8	7.8	8.5	8.2	9	8.6	9.5	9	10	9.5	10.5	10	11	10.5
背宽	18	19.2	20.4	22	22.8	24	23.6	24.8	24.4	25.6	25.2	26.8	26	28	27.2	29.2	28.4	30.4	29.6
背长	18.2	19.4	20.6	23	24.2	25.8	25.4	27	26.6	28.2	27.8	29.4	29	30.8	30.2	32.2	31.4	33.6	32.6
上档长	12.4	13.4	14.4	16.4	17.4	18	18.4	18.8	19.2	19.6	20	20.4	20.8	21.2	21.6	22	22.4	22.8	23.2
下档长	23	27	31	38	41.5	45		48.5		52		55.5		59		62		65	
颈根围	23.5	24.5	25.5	26.5	27	27.5		28		28.5		29		30		31		32	
腰至膝	27	28.5	30	32	34	36		38		40		42		44		46		48	
袖长	22	24.5	27	32	34.5	37		39.5		42		44.5		47		49.5		52	
手腕围	10.4	11.2	12	12.6	12.9	13.4	13.2	13.6	13.5	13.9	13.8	14.5	14.1	14.4	14.4	14.8	14.7	15.2	15
头围	44.5	46.5	48.5	50.5	51.5	52.5		53		53.5		54	53.7	54.5	54.1	55	54.5	55.5	55
袖窿深	10.2	10.8	11.4	12.6	12.9	13.8		14.4		15		15.6		16.4	16.2	17.2	16.8	18	17.4
帽高	22.6	23.2	23.8	24.4	25	25.6		26.2		26.8		27.4		28		28.6		29.2	

以上罗列了很多童装的尺码表给大家作为参照，但也都是作为一个参考，具体还是以宝宝的身体为准。我们为宝宝制作服装的目的是可穿和实用，所以适体才是最重要的，适合宝宝的才是最好的。

第四章　童装裁剪方法

在了解宝宝身体的基本尺寸之后,
下一步就是要在纸上画出一个可供裁剪的纸样,
接下来就可以进行面料的裁剪和缝纫啦!
那么这个纸样要怎么绘制呢?所需要的工具都有哪些?工具的作用和使用方法又是什么呢?
下面我们来简单了解一下。

第一节　童装裁剪基本知识

一、裙子纸样各部位名称及作用

1. 腰围线
根据人体腰部命名，依据人体形态后腰稍低，构成前、后腰围线结构的不同的特点，如图4-1所示。

2. 臀围线
臀围线平行于腰围辅助线，以腰长取值的水平线即为臀围线。臀围线除确定臀围位置外，还控制臀围和松量的大小，如图4-1所示。

3. 裙长线
控制整个裙子长短的基本线，当臀围相同的情况下，裙子过长会影响人体行走时的正常步距，因此通常采取开衩的办法进行相应的结构处理，因此裙子长短的变化与裙摆的围度有密切关联，如图4-1所示。

4. 前、后下摆线
以裙片长取值的水平线，其大小直接影响裙子廓型，如图4-1所示。

5. 前、后中心线
位于人体前、后中心线上，是指前、后腰节点至前、后下摆线的结构线，如图4-1所示。

6. 侧缝线
位于前、后裙片外侧的结构线，如图4-1所示。

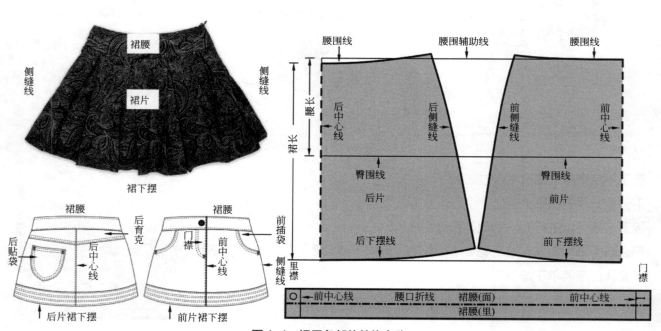

图4-1　裙子各部位结构名称

二、裤子纸样各部位名称及作用

1. 前、后腰围线

根据人体腰部命名，人体做下蹲运动时，臀部和膝部横向与纵向的皮肤伸展变化明显，尤其是后中心线、臀沟的纵向伸展率最大，决定了前、后裆缝线结构的不同，形成前腰稍低、后腰稍高的穿着特点及前、后腰围线结构的不同，如图4-2所示。

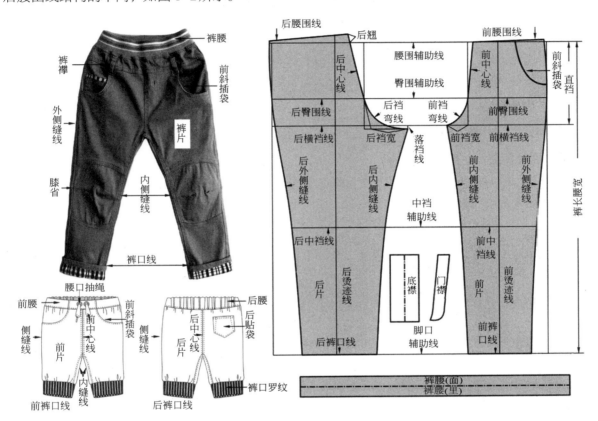

图4-2 裤子各部位名称

2. 前、后臀围线

臀围线平行于腰围辅助线，以腰长取值的水平线即为臀围线。臀围线除确定臀围位置外，还控制臀围和松量的大小，且具有决定大小裆宽数据的作用，如图4-2所示。

3. 前、后横裆线

横裆线平行于腰围辅助线，是以立裆长取值的水平线。该结构线对裤子的功能性和舒适性有直接的影响，如图4-2所示。

4. 前、后中裆线

中裆线又称膝围线。对裤口变化有直接影响，其位置可上下移动变化，如图4-2所示。

5. 前、后裤口线

以裤长取值的水平线，是前后裤口宽的结构线，其大小直接影响裤子廓型，如图4-2所示。

6. 前、后烫迹线

是前、后裤片居中的垂直结构线，又称为"前后挺缝线"。在裤子结构设计中也是关键线之一，其直接影响裤筒偏向及其与上裆的关系，是判断裤子造型及产品质量的重要依据，如图4-2所示。

7. 前、后中心线（后翘量）

前中心线是指前腰节点至臀围线的结构线，前中心线要根据臀腰差有适量的收省处理；后中心线是指后腰节点至臀围线的一条倾斜的结构线，裤子的后中心线比较复杂，由于人体在蹲、坐、弯腰时，其立裆长度不能满足人体需求，因此必须加放出后翘量，后翘量要根据体型、款式、年龄等综合考虑，一般在2厘米左右，如图4-2所示。

8. 前、后裆弯线

前裆弯线指由腹部向裆底的一段凹弧结构线，又称为"小裆弯"；后裆弯线指由臀沟部位向裆底的一段凹弧结构线，又称为"大裆弯"。在裤子的结构设计中，后裆弯弧线长大于前裆弯弧线长，后裆宽大于前裆宽。裤子前片、后片的裆弯弧线的形态必须与人体臀股沟的前、后形态相吻合，人体穿着裤子后才能感到舒适，如图4-2所示。

9. 前、后内侧缝线

位于人体下肢内侧的结构线。在工艺上，应保证两结构线相等，如图4-2所示。

10. 前、后外侧缝线

位于胯部和下肢外侧的结构线。依据人体特征和功能性，后侧缝线曲率大于前侧缝线，在工艺上应保证两者相等，如图4-2所示。

11. 落裆线

指后裆弧线低于前横裆线的一条水平线。为的是符合人体、工艺和功能性要求，如图4-2所示。

三、上衣纸样各部位名称及作用

上衣纸样各部位名称如图4-3所示。

1. 前、后片
是指覆合于人体躯干部位的服装部件，是服装的主要部件。

2. 前、后领口
指前后衣片在肩部缝合后，再与领子缝合的部位。

3. 袖子
是指覆合于人体手臂的服装部件。有时也包括与衣袖相连的部分衣身。

4. 前、后肩线
在肩膀处，前后衣片相连接的部位。

5. 门襟
在人体中线锁扣眼的部位。

6. 里襟
指钉扣的衣片。

7. 袖窿
是大身装袖的部位。

8. 总肩宽
指在后背处从左肩端经后颈中点（第7颈椎点）到右肩端的部位。

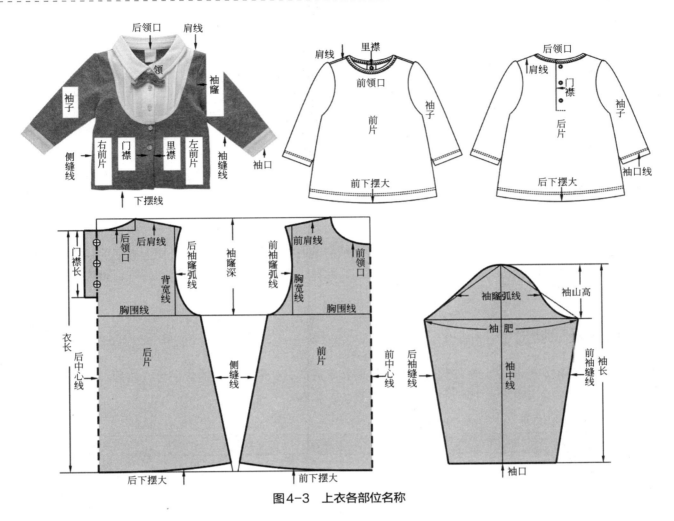

图4-3 上衣各部位名称

9. 过肩

也叫育克，指连接后衣片与肩合缝的部件。

10. 下摆

指衣服下部的边沿部位。

四、裁剪纸样

服装的裁剪纸样，是妈妈们制作服装的第一步，是宝宝身体数据转换为最后成衣的中介。纸样的绘制与设计直接关乎服装的造型、可穿性和适体性。绘制纸样时要根据身体各部位数据画好轮廓线，然后依据缝制工艺再加画缝份线或折边线，才可以把纸样画在布料上，再进行裁剪。

（一）面料缩率

在购买好服装面料后，第一步一定要先过一遍水，进行面料缩水工作。由于儿童大部分服装都是棉布质地，面料经水洗或遇热后，会产生一定的缩量。因此，在洗涤过程中建议用30度的肥皂水浸泡半小时，对面料上的浮色进行褪色，避免附着的染料对宝宝的身体造成伤害，等服装制作完成后再用盐水浸泡，对服装进行固色，避免日后在穿着和清洗过程中发生掉色现象。如果用未经缩水处理的面料制作服装，可能会导致服装缩水而影响穿着。

（二）缝份的加放量

所谓缝份，是指缝合衣片的必要宽度，俗称"缝头"。因为图样都是以身体净尺寸绘制的，在缝纫过程中缝份会消耗掉一部分面料，所以纸样绘制好后必须加放缝份。缝份的大小除了特殊部位（如折边等）根据实际需要确定以外，凡属暗缝或单明线的缝份，一般为1厘米。双明线的缝份，要根据明线的宽度来确定，一般是缝份的宽度大于明线宽度0.2～0.5厘米。

（三）折边

折边指服装边缘部位的翻折量。一般就是上装下摆、裙摆和裤脚，通常是连折边，但有些形状变化复杂的边缘要采用外加贴边的方法。

（四）面料的经纬方向

服装上的经纬纱是有一定规律的。在排料时，纸样的方向不能随便摆放，纸样上标记的经纬纱方向要和面料的经纬方向保持一致。经纬纱又叫布丝方向，面料上的纬纱方向就是幅宽，经纱与布边平行，在服装制作时要特别注意。

五、服装制图代号

在绘制纸样时，一些专业性的代号是必须了解和掌握的，一般为英文的首字母或缩写。为了更好地学习和制图，下面为大家提供常用制图主要部位代号，方便大家学习查阅，见表4-1。

表4-1 制图主要部位代号

	序号	部位名称	代号	英文名称	序号	部位名称	代号	英文名称
围	1	领围	N	Neck Girth	7	后领围	BN	Back Neck
	2	胸围	B	Bust	8	头围	HS	Head size
	3	腰围	W	Waist	9	颈围	N	Neck line
	4	臀围	H	Hip	10	袖口	CW	Cuff Width
	5	大腿根围	TS	Thigh Size	11	脚口	SB	Sweep Bottom
	6	前领围	FN	Front Neck				
宽	1	肩宽	SW	Shoulder width	3	背宽	BW	Back width
	2	胸宽	FW	Front width				
点	1	胸高点	BP	Bust Point	4	后颈点	BNP	Back Neck Point
	2	前颈点	FNP	Front Neck point	5	肩端点	SP	Shoulder Point
	3	侧颈点	SNP	Side Neck Point				
线	1	领围线	NL	Neck Line	5	肘线	EL	Elbow Line
	2	胸围线	BL	Bust line	6	膝盖线	KL	Knee Line
	3	腰围线	WL	Waist Line	7	前中心线	FCL	Front Center line
	4	臀围线	HL	Hip line	8	后中心线	BCL	Back Center Line
长	1	衣长	L	Length	9	袖肥	BC	Biceps Circumference
	2	前衣长	FL	Front Length	10	袖窿深	AHL	Arm Hole Line
	3	后衣长	BL	Back Length	11	袖口	CW	Cuff Width
	4	裤长	TL	Trousers Length	12	袖长	SL	Sleeve length
	5	股下长	IL	Inside Length	13	肘长	EL	Elbow Length
	6	前上裆	FR	Front Rise	14	领座	SC	Stand Collar
	7	后上裆	BR	Back Rise	15	领高	CR	Collar Rib
	8	袖山	AT	Arm Top				

第二节　绘制童装纸样的工具及制图符号

一、童装制图前期准备工具

（一）制图工具

工艺善其事，必先利其器。
买工具去

制图工具主要是用于纸样制作时量尺寸、画直线或曲线，另外在裁剪、缝制时也常用。常用的打板尺有直尺、三角尺、皮尺（软尺）和曲线尺。用有机玻璃制成的直尺最佳，因为制图线可以不被遮挡，常用的直尺有50厘米和100厘米等长度。用有机玻璃制成的有45°角的三角板最理想。皮尺必须带有厘米刻度，通常长度是150厘米，主要用于纸样弧长的测量等。云尺和曲线尺主要是帮助初学者有效地完成各种曲线的绘制。但是，这些对理解曲线的功能，特别是理解曲线的造型美很不利，也不利于积累经验。因此在纸样绘制中不应依赖于曲线尺，可用直尺辅助完成曲线部分，但是对于初学的妈妈们如果掌握不好曲线的画法可以使用曲线尺辅助。

1. 尺

常见的绘图用尺子如下。

（1）直尺：绘制直线和测量较短直线距离的尺子，长度有20厘米、40厘米、50厘米等数种，一般准备一把约20厘米的短尺绘制细节部位和一把60厘米的长尺绘制衣身上较长的线段即可。如图4-4所示的长尺是专业绘图尺，质地较软且易弯曲，也可选用坚硬的塑料尺。

（2）三角尺：三角形尺子，质地为有机玻璃或木质。建议用透明的三角板，不遮挡图纸，可绘制直角的部分，如图4-5所示。

（3）曲线尺：绘曲线使用薄有机玻璃板，除了通用曲线板以外，还有用于绘制服装不同部位，如袖窿、袖山、侧缝、裆缝等专用的曲线板，如图4-6所示。

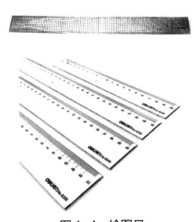

图4-4　绘图尺

图4-5 三角尺　　　　　　　　图4-6 曲线尺

2. 橡皮

绘图时应采用绘图专用橡皮，擦完后不留痕迹，如图4-7所示。

3. 纸

常用的绘图用纸如下。

（1）牛皮纸：规格为100～300克。牛皮纸的韧性较好，在折叠与捏合时不易破损，多用于绘制基础样板。

（2）白板纸：规格约为250克（图4-8）。虽然白板纸绘图线迹比较清晰，但白板纸易磨损、易破裂，还是建议妈妈们选用牛皮纸。

4. 绘图笔

建议使用铅笔，方便修改，自动铅笔也可，如图4-9所示。

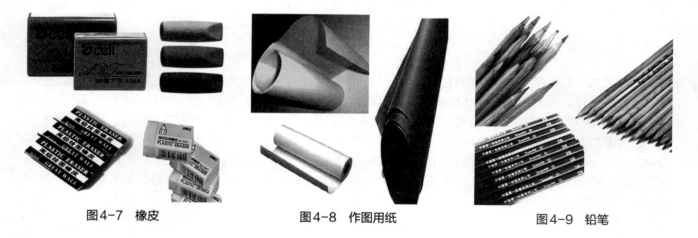

图4-7 橡皮　　　　　　图4-8 作图用纸　　　　　　图4-9 铅笔

（二）裁剪工具

剪刀有24厘米、28厘米和30厘米等几种规格，用来修剪纸样。

1. 裁剪剪刀

剪裁纸样或衣料的工具，因为纸张对剪刀刀口有损伤，所以应准备两把，一把专用于剪纸，一把专用于剪布。另外还可准备一把小剪刀用于小部件。如图4-10所示。

2. 纱剪

用于剪缝纫线头，如图4-11所示。

3. 花齿剪

刀口呈锯齿形的剪刀，其功能是将布边剪成锯齿状，主要是留作布样，或是剪太空棉或是空气层面料时可以不用对布边进行包缝，如图4-12所示。

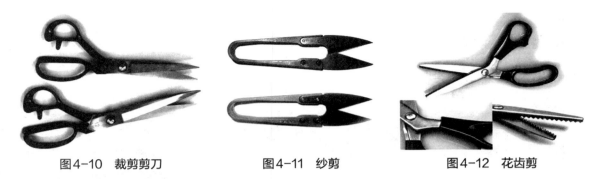

| 图4-10 裁剪剪刀 | 图4-11 纱剪 | 图4-12 花齿剪 |

（三）缝纫工具

1. 机针

机针用于缝纫（图4-13）。在缝纫过程中，机针的针尖会随着使用的次数发生磨损，磨损的机针会对布料产生损伤，建议机针使用过一段时间后进行更换。

2. 手缝针

缝纫机不方便缝纫的时候可以用手缝针缝制（图4-13），或者是其他一些特殊针法。在缝纫机完成不了的情况下可以使用手缝针，比如服装下摆折边的三角针。

3. 梭皮、梭芯

梭芯是卷底线的，梭皮是和梭芯配套的工具，在车缝中是必不可少的配件，如图4-14所示。

4. 顶针

用于手工缝纫，减少手指的损伤，如图4-15所示。

5. 拆线器

用于拆缝纫线迹，不易损伤布料，如图4-16所示。

   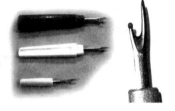

| 图4-13 机针和手缝针 | 图4-14 梭皮、梭芯 | 图4-15 顶针 | 图4-16 拆线器 |

（四）常用工具

1. 穿橡筋器

是穿橡筋的用具，在给童裤的裤腰穿橡筋的时候方便使用，或是在对面料进行反面缝纫后翻出面料正面时经常在不易翻折的细小部位时使用，如图4-17所示。

2. 画粉

把裁好的纸样画在布料上时会用到画粉。一种是粉质画粉，随着缝纫机的缝制和水洗会自然脱落，缺点是与面料接触过程中会发涩；另一种是隐形画粉，也叫软蜡画粉，熨烫加热方可消失，质地较软，比较平滑，不易碎、不沾水；还有一种是油质画粉，虽然非常好画，但是非常难清洗。建议妈妈们使用粉质画粉或是隐形画粉，市面上也比较常见。如果不使用画粉，使用铅笔也可以。画粉如图4-18所示。

3. 锥子

锥子用于纸样中间的定位（图4-19），如省位、褶位等，还用于复制纸样。有其他制作过程的需要也可以使用，是家庭手工常用的工具之一。

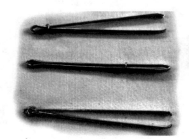
图4-17　穿橡筋器

图4-18　画粉

图4-19　锥子

二、纸样符号

服装纸样中的制图符号都有着各自表示的含义，为了我们方便学习服装制图、看懂服装纸样、表达出自己设计的含义，纸样符号的学习就十分必要。下面提供常用制图符号的含义说明，在后面的服装制图和制作中方便妈妈们查阅和绘制。纸样绘制符号见表4-2，纸样生产符号见表4-3。

表4-2　纸样绘制符号

名称	符号	说明
制成线	━━━━━	制成线是纸样中最粗的线，分为实制成线和虚制成线 实制成线又称裁剪线，按此线剪裁纸样，也是纸样制成以后的实际边线，也称完成线。依此线剪出的纸样就叫净样板，加上做缝所剪掉的样板叫毛样板 虚制成线也称对折线，此线通常指纸样两边是对称或不对称的折线，裁布时把布料对折，不裁开，在图例中看到这种线意味着实际纸样是以此对称或不对称的整体纸样
辅助线	────	在图例中，表示各部位制图的辅助线，用细实线，是图样结构的基础线，如尺寸线和尺寸界限，在制图中起引导作用
折转线	─·─·─	折转起牢固作用，主要用在面布的内侧，绘图时用点划线表示
等分线	⌒⌒	等分线和相同符号在功能上是一样的。图例中凡出现同一种符号的部位，符号所指向的尺寸就是相同的。长距离用虚线表示，短距离用实线表示
直角符号	⌐	图例中的直角符号与数学直角符号的画法有一定区别，含义是一样的，指此角为90°角
缝份线	━━━━ ------	用两条平行线表示，一条是粗实线，另一条是长虚线，是轮廓线和净缝线的组合
相同符号	○●□■◉	表示两处尺寸大小相同
重叠符号	⋈	双轨线所共处的部分为纸样重叠部分，在分离复制样板时要各归其主，意思是左右结构共用的部分
整形符号	⊖	当纸样发生变动时，必须在纸样上分离，但实际布料要接合的部位标出整形符号，以示去掉原结构线，而变成完整的形状。当然，同时还要以新的结构线取代原结构线，这意味着在实际纸样上此处是完整的形状
省略符号	⌇	省略长度的标记
剪切符号	✂✂	纸样设计往往是根据事先的设想，修正基本纸样的过程，其中很多是从基本纸样的中间部位修正，因此需要剪切、扩充、补正。剪切符号箭头所指向的部位就是剪切的部位。需要注意的是，剪切只是纸样设计修正的过程，而不能当成结果，需要把纸样进行剪切、黏合、调整后再进行铺布裁剪
贴边线		贴边起牢固作用，主要用在面布的内侧，如衣服的前门襟一般都有贴边，绘图时用点划线表示
距离线	⟵———⟶	表示某部位起始点之间的距离，一般在箭头中间记录线段数值

表4-3 纸样生产符号

名称	符号	说明
对直丝符号（经向号）		也称经向号，表示服装材料布纹经向的标志，符号设置应与布纹方向平行。纸样口所标的双箭头符号，要求操作者把纸样中的箭头方向对准布丝的经向排版。当纸样双箭头符号与布丝出现明显偏差时，会严重影响质量，因此在铺布排版时一定要对好经向符号
顺毛向符号		也称顺向号，表示服装材料表面毛绒顺向的标志。当纸样中标出单箭头符号，表示要求生产者把纸样中的箭头方向与带有毛向材料的毛向相一致，如皮毛、灯芯绒等。该符号同样适用于有花头方向的面料
省符号（①埃菲尔省）（②钉子省）（③宝塔省）（④开花省）（⑤弧形省）		省的作用往往是一种合体的处理。省量和省状态的选择也说明设计者对服装造型的理解，但它在使用量上的设计是造型美的问题。因此省可依造型的要求作各种各样的理解，省的形式也多种多样，如钉子省、埃菲尔省、开花省、宝塔省、弧线省等，最常见的是前两种
褶裥符号（①暗裥）（②明裥）		褶比省在功能和形式上更灵活，褶更富有表现力。褶一般有以下几种：活褶、细褶、十字缝褶、荷叶边褶、暗褶。当把褶从上到下全部车缝起来或者全部熨烫出褶痕，就成为常说的裥，常见的裥有：顺裥、相向裥、暗裥、倒裥 裥是褶的延伸，以上表示的符号可以共用。在褶的符号中，褶的倒向总是以毛缝为基准，该线上的点为基准点，沿褶线折叠，褶的符号表示正面褶的形状。活褶是褶的一种，它是按一定间距设计的，故也称为间褶，一般分为左右单褶、明褶、暗褶等几种 褶裥和省一样，实用性与装饰性兼具
缩褶符号		缩褶是通过缩缝完成的，其特点是自然活泼，因此用波浪线表示
对位符号（剪口符号）		也称剪口符号，对位可以保证各衣片之间的有效复合，提高质量，例如前后身、袖山和袖窿、大袖和小袖、领和领口等，对位符号越充分，品质系数越高。其次是对应性，对位符号一定是成双成对的，否则对位的意义就不存在了
钻眼符号		表示剪裁时需要钻眼的位置
眼位符号		表示服装中扣眼位置的标记
扣位符号		表示服装钉纽扣位置的标记，交叉线的交点是钉扣位，交叉线带圆圈表示装饰纽扣
明线符号		明线符号表示的形式也是多种多样的，这是由它的装饰性所决定的。虚线表示明线的线迹，在某种情况下，还需标出明线的单位针数（针/厘米）、明线与边缝的间距、双明线或三明线的间距等。实线表示边缝或倒缝线。主要在服装中起到装饰作用
对格符号		表示相关裁片格纹应一致的标记，符号的纵横线应对应于布纹
对条符号		表示相关裁片条纹应一致的标记，符号的纵横线应对应于布纹
拉链符号		表示服装在该部位缝制拉链的位置
橡筋符号		也称罗纹符号、松紧带符号，是服装下摆或袖口等部位缝制橡筋或罗纹的标记

第三节　童装各部位放松量的加放

为了利于宝宝的生长发育和满足其活泼好动的特点，童装肥瘦不宜像成人一样较多使用合体和较合体设计，而是多采用宽松和较宽松设计。那么如何在测量得出的数据上进行加放呢？加放量又如何确定呢？不同服装的放松量又是多少呢？下面简单为大家介绍一下童装放松量的规格设计的一般规律。

一、上衣各部位的加放量

1. 短上衣衣长

短上衣衣长＝背长+(13～16)厘米或身高×0.4-(3～6)厘米

短上衣一般包括秋衣、马甲、衬衣、卫衣、夹克、小外套等款式，下摆大概在臀部上下的位置。除了通过测量的手法来确定所需衣长的长度，还可以通过简单的公式进行计算。比如宝宝的背长测量结果为30厘米，那么我们的上衣长计算结果为43～46厘米，或者利用第二个公式即宝宝身高计算，背长30厘米的宝宝身高大致是130厘米上下，得出上衣长为46～49厘米，如图4-20所示。

2. 一般上衣衣长

一般上衣衣长＝背长+(18～24)厘米或身高×0.4±3厘米

一般的上衣包括半大风衣、大衣等，下摆位置盖住臀部。例如，30厘米背长的宝宝可以在背长的基础上加上18～24厘米，或是参考第二个公式根据130厘米的身高标准得出衣长49～55厘米，也可以根据不同的服装款式和实际需求对服装的长短进行变化，如图4-21所示。

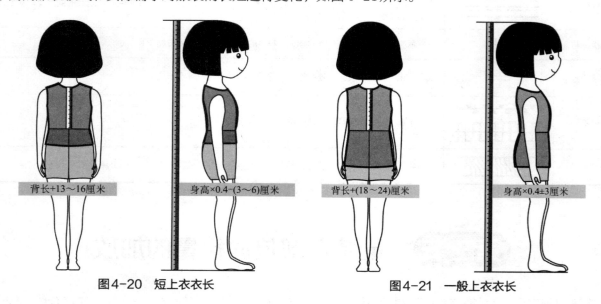

图4-20　短上衣衣长　　　　　　图4-21　一般上衣衣长

3. 中长外套衣长

中长外套衣长＝身高×0.5+(0～5)厘米

中长外套主要是指下摆长度在膝盖上的外套。例如，根据公式，130厘米身高的宝宝得出衣长为65～70厘米，如图4-22所示。

4. 长外套衣长

长外套衣长＝身高×0.6±5厘米

长外套主要是指下摆在小腿或脚踝附近的外套。例如，根据公式，130厘米身高的宝宝得出衣长为73～83厘米，如图4-23所示。

5. 袖长

袖长＝全臂长－(0～3)厘米

利用我们得出的全臂长作为袖子的长度，为了方便活动可以适当减少0～3厘米，如图4-24所示。

6. 胸围

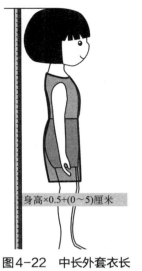
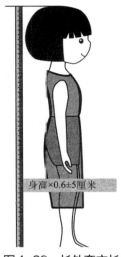

图4-22　中长外套衣长　　图4-23　长外套衣长

$$胸围 = (净胸围 + 内衣厚度) + \begin{cases} 10\sim16\text{厘米(较合体)} \\ 17\sim24\text{厘米(较宽松)} \\ 25\text{厘米以上(宽松)} \end{cases}$$

童装的胸围是最重要的围度，所有的服装大小最基本的就是要满足胸围的标准。由于我们的呼吸等正常生理现象，服装的胸围为了满足宝宝的生理活动必须进行加放。根据我们为宝宝制作的服装类型，比如，夏装可以适当减少放量，在测量得出的胸围的基础上可加放10～16厘米；春秋服装里面需要套穿内衣、毛衫等，外套胸围可放量17～24厘米；冬装的胸围更是如此，可加放25厘米以上。但这也不是绝对的，还是要根据具体的服装类型确定放量，比如冬装的内搭可以减少放量，如图4-25所示。

全臂长-(0～3)厘米　　净胸围+内衣厚度+(10～16)厘米　　净胸围+内衣厚度+(17～24)厘米　　净胸围+内衣厚度+25厘米以上

图4-24　袖长　　　　　　　　　　　图4-25　胸围

二、下装各部位加放量

1. 长裤裤长

长裤裤长＝腰围高－(0～2)厘米

可直接用腰围高作为长裤的长度或是减去1～2厘米。由于人体的日常活动，包括蹲、坐等膝关节的活动，容易导致裤脚的上移，所以一般不建议从腰围线量至脚踝的长度作为裤长，如图4-25所示。

2. 短裤裤长

短裤裤长＝腰围高/2-(0～3)厘米

短裤的裤长一般在膝盖上方，腰围高的一半大致是膝关节的位置，腰至膝的长度作为短裤的裤长或是适当减少0～3厘米，如图4-27所示。

3. 腰围的放松量

上装的围度主要是根据胸围来确定的，腰围的围度是根据胸围和造型来确定。由于儿童凸肚体的体型特征，一般不做收腰结构，常见的廓形主要是筒型和A字形，比如衬衣、T恤、卫衣等男童装的腰围与胸围保持一致，女童装可以是A字的蓬蓬下摆，腰围可以根据造型来确定。胸围加上放松量的围度可以满足宝宝的腹式呼吸或是吃饭所产生的腰围的变化，所以各位妈妈们可以放心地使用胸围的围度来作为服装的整体围度，以胸围为标准制作的儿童上装便可以满足宝宝所有正常的生理活动。

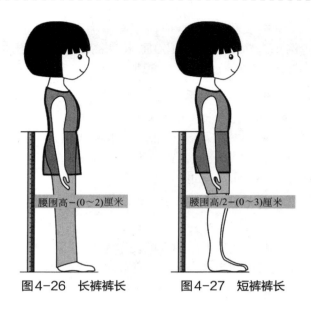

图4-26　长裤裤长　　　图4-27　短裤裤长

腰围(抽橡筋后尺寸)=净腰围-(4～6)厘米

儿童裤装的腰围一般使用橡筋来固定，不需要拉链、裤扣和裤襻。植入橡筋之前的腰围是等同于臀围的，是由臀围垂直向上不做任何收腰和捏省（省是我们通常说的服装中的收腰和捏褶，通俗的叫法也叫"鼻子"，在服装中叫作sǎng）。由于各种橡筋弹力大小的不同，我们建议妈妈们直接在宝宝腰围上围裹来确定橡筋的长度，因为植入橡筋后的面料会被橡筋撑大，比刚裁剪好后的橡筋大小还要大一些，所以橡筋的长度要比实际腰围小得多，如图4-28所示。

4. 臀围

臀围=净臀围+ { 10～15厘米（较合体）; 16～23厘米（较宽松）; 24厘米以上（宽松） }

臀围是裤装的主要围度，腰围也是通过臀围来确定的。臀围根据不同的服装面料和行为活动，放松量也不同，弹力面料可以减少放松量，一般单裤的放松量是10～15厘米，比较宽松的放松量是在臀围的基础上加16～23厘米，很肥大的裤子可以加放到24厘米以上，根据不同的服装造型和效果来确定，如图4-29所示。

腰围(抽橡筋后尺寸)=净腰围-(4～6)厘米　　净臀围+(10～15)厘米　　净臀围+(16～23)厘米　　净臀围+24厘米以上

图4-28　腰围　　　　　　　　　　　图4-29　臀围

第五章 婴幼装裁剪纸样的绘制

母爱的打开方式各有不同,妈妈用自己的巧手为孩子裁剪一件舒适的服装是一种美好愿望。给孩子缝制新衣,发现你生活中的"美",聆听"心"声,用"心"感受,生活也会随着你的体验变得更美好。

第一节　婴幼套装裁剪纸样绘制

前面我们学习了一些童装的基本知识、概念、设计原则，下面我们要学会童装的剪裁，为宝宝亲手制作自己心仪的漂亮衣服。童装的裁剪不难，只要妈妈们按照绘制要求一步一步做就没问题，亲手为宝宝缝制一件心仪的服装吧。

一、夏日度假风女婴套装（上衣+短裤）

夏日度假风套装，服装款式宽松舒适，天然的材质，碎花上衣非常富有春天感，搭配短裤轻盈灵动，突出宝贝的可爱。设计的灵感常常来自于自然风光、树木、花草、阳光。

（一）面料、辅料的准备

制作夏日度假女婴套装首先要了解和购买上衣的面料、辅料，下面将详细介绍面料、辅料的选择以及常使用的面料、辅料购买用量以及所使用辅料的数量，见表5-1。

表5-1　夏日度假风女婴套装面料、辅料的准备

常用面料		此款服装所用面料为纯棉，上衣采用单色与印花图案，两种面料都具有柔软、刺激性小且不掉色的特点，适合婴幼儿娇嫩的皮肤。此款服装的款式比较简单，所以随着季节的变化，可以更换面料。例如，春秋季节可以选择纯棉面料中较厚的面料，而夏季就可以选择纯棉面料中较薄的面料
常用辅料	纽扣	为避免婴幼儿舔食，应选用天然、无毒、染色色牢度强的，此款服装采用四合扣，是为了保护婴幼儿的安全与健康
	松紧带	松紧带又叫弹力线、橡筋线，细点可作为服装辅料底线，特别适合于内衣、裤子、婴儿服装、毛衣、运动服等
	线	应选用色泽与面料颜色相近的缝纫线，同时兼具色牢度好、pH值安全及具有较好的防唾液腐蚀性和柔韧性等

（二）夏日度假风女婴套装上衣

1. 款式说明

本款上衣适合3个月至24个月的宝宝穿着。上衣的款式造型属于基本H型宽松版。婴儿的身体特征是凸肚。所以，在设计上衣时不能是收腰的，必须是H型宽松一点，这样便于婴儿活动，不拘束。此款服装的风格属于甜美风格，采用的颜色比较鲜艳，面料柔和，图案属于碎花田园风格，整体造型简单可爱。如图5-1所示。

上衣为婴儿春秋季服装，穿着舒适，可爱大方。上衣为长袖设计，前后片胸部以上有横向分割线，分割线下面抽碎褶，服装中间有一朵可爱的手工花朵作为装饰，服装背部中间开口，装有纽扣，方便妈妈给婴儿穿脱。

图5-1 夏日度假风女婴套装上衣效果图

（1）上衣构成：前后片均分为上下两片，裙子外形大致呈H型。

（2）分割线：分割线在胸部偏上位置，分割线下面抽碎褶（前后片下片均抽碎褶）。

（3）纽扣：纽扣位于上衣背部，有三粒。纽扣在服装的背部主要是从婴儿的安全考虑，防止纽扣在服装正面，婴儿抓落而造成危险。

夏日度假风女婴套装上衣款式如图5-2所示。

正视图　　　　　　　　　　背视图

图5-2 夏日度假风女婴套装上衣款式图

本套装的结构重点是胸部分割线。在本款胸部横向分割线的结构变化中，结构的重点变化为胸部的分割线以及袖子与上衣的拼接两方面。胸部的分割线要偏上一点，这样才能制作出风格甜美可爱的服装，袖子与上衣的拼接，要注意袖褶的均匀分布。

2. 夏日度假风女婴套装上衣结构制图

按照所需要的人体尺寸，先制作出一个规格尺寸表，这里将不同年龄段夏日度假风女婴套装上衣各部位规格作为参考尺寸举例说明，见表5-2。

表5-2 夏日度假风女婴套装上衣成衣规格　　　　　　　　　　　　　　　　　　　单位：厘米

规格＼名称	衣长	胸围	袖长	肩宽	领宽	袖窿深	袖口围
3个月	35.5	48	21	20.5	10	12	12
6个月	38	49.5	22	21.5	10.5	12.5	13
9个月	40.5	51	23.5	22	11	13	14
12个月	45.5	52	25.5	23	11.5	14	15
18个月	48	53.5	26.5	24	12	14.5	16
24个月	50.5	54.5	28	25	12.5	15	17

夏日度假风女婴套装上衣结构如图5-3所示。

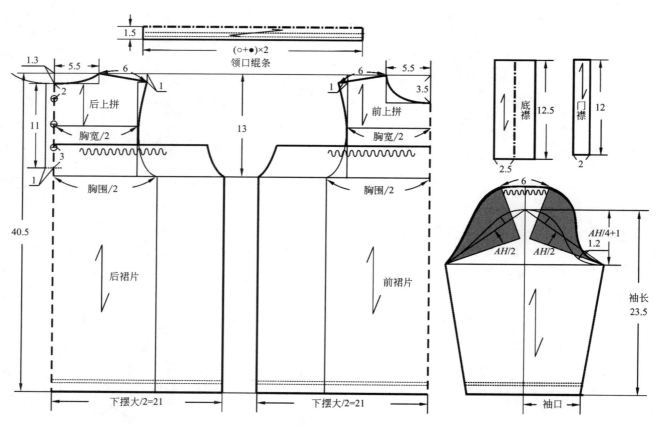

图5-3　夏日度假风女婴套装上衣结构制图

（三）夏日度假风女婴套装短裤

1. 款式说明

设计婴幼儿短裤时最重要的是要考虑到婴幼儿的舒适性，因为婴幼儿要穿尿不湿，所以短裤要比较宽松，如图5-4所示。

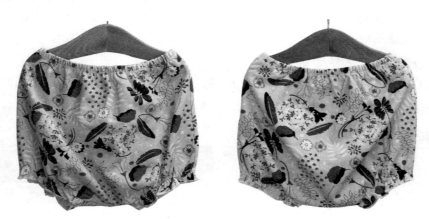

图5-4　夏日度假风女婴套装短裤效果图

此款婴幼儿短裤的腰部为松紧腰头，不易脱落，保护婴幼儿的皮肤，裤口处是荷叶边，既体现了服装整体田园可爱的风格，又使裤口处相对宽松，不拘束孩子的活动。短裤的结构比较简单，重要的在于松紧带与短裤的缝制，要注意松紧带的分布均匀，裤口荷叶边的自然分布。

夏日度假风女婴套装短裤款式如图5-5所示。

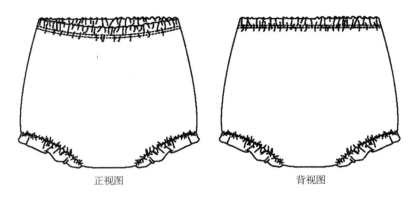

图5-5　夏日度假风女婴套装短裤款式图

2. 夏日度假风女婴套装短裤结构制图

按照所需要的人体尺寸，先制作出一个规格尺寸表，这里将不同年龄段夏日度假风女婴套装短裤各部位规格作为参考尺寸举例说明，见表5-3所示。

表5-3　夏日度假风女婴套装短裤成衣规格　　　　　　　　　　　　　　　　　　　　　单位：厘米

规格＼名称	裤长	腰围	侧缝长	裆宽
3个月	23	58.5	20.5	8
6个月	23.5	61	21	8.5
9个月	24	63.5	21.5	9
12个月	25	66	22	9.5
18个月	25.5	68.5	23	10
24个月	26	71	24	10.5

夏日度假风女婴套装短裤结构如图5-6所示。

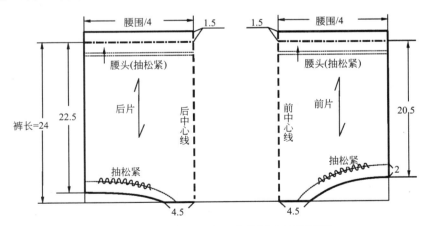

图5-6　夏日度假风女婴套装短裤结构制图

二、欧洲复古风女婴连衣裙套装（上衣+背带短裙）

在当今的复古潮流中，古典风格作为一种复兴的风格再度流行，复古娃娃衫搭配背心裙也是曾经的流行。前胸褶的点缀，可爱十足。穿这样迷人的服装，让宝贝甜美可爱。这款套装的搭配也很漂亮，褶裙一直没有退出时尚的舞台,随着时代的变化,也翻出了很多新的花样,很多新型面料也被用来制作褶裙。如图5-7所示。

图5-7 欧洲复古风女婴连衣裙套装上衣效果图

(一)面料、辅料的准备

制作欧洲复古风女婴连衣裙套装要先了解和购买上衣的面料、辅料,下面将详细介绍面料、辅料的选择以及常使用的面料、辅料购买用量以及所使用辅料的数量,见表5-4。

表5-4 欧洲复古风女婴连衣裙套装上衣面料、辅料的准备

常用面料		纯棉面料的吸湿性、保暖性、耐热性、耐碱性、卫生性都是比较好的,上衣直接贴近婴幼儿皮肤,所以,此款服装采用的是纯棉面料。随着季节的变化,面料可以更换。此款服装的款式适合春夏秋冬四季,夏季选择棉质布料中最薄的,春秋选择较厚的,到了冬季,选择较厚的面料。背带裙的面料属于灯芯绒,质地厚实,保暖性好,且原料一般以棉为主,手感弹滑柔软,绒条清晰圆润,光泽柔和均匀,比较耐磨,适合用作婴幼儿服装面料
常用辅料	丝带	服装前片用作装饰的蝴蝶结,采用的也是安全性较高的丝带,要缝死在服装上,以防掉落导致宝宝吞食 蝴蝶结的长度最长为35厘米
	木质扣子	婴幼儿服装上的扣子必须是安全性较高的,木质扣子不易划伤孩子,所以在婴幼儿服装上使用得较多
	松紧带	松紧带又叫弹力线、橡筋线,细点可作为服装辅料底线,特别适合于内衣、裤子、毛衣、运动服等,用在婴幼儿服装上比较柔软
	线	应选用色泽与面料颜色相近的缝纫线,同时兼具色牢度好、pH值安全及具有较好的防唾液腐蚀性和柔韧性等

(二)欧洲复古风女婴连衣裙套装上衣

1. 款式说明

上衣的款式造型属于宽松版型。前片有蝴蝶结等装饰,整体是可爱的风格,最适合小女孩春秋季节穿

着。这款上衣为婴儿春秋季上衣,穿着舒适,可爱大方。

欧洲复古风女婴连衣裙套装上衣款式如图5-8所示。

正视图　　　　　　　　　　　背视图

图5-8　欧洲复古风女婴连衣裙套装上衣款式图

（1）上衣构成：上衣外形大致呈H字形，前胸有装饰褶。

（2）一片袖。

2. 欧洲复古风女婴连衣裙套装上衣结构制图

按照所需要的人体尺寸，先制作出一个规格尺寸表，这里将不同年龄段欧洲复古风女婴连衣裙套装上衣各部位规格作为参考尺寸举例说明，见表5-5。

表5-5　欧洲复古风女婴连衣裙套装上衣成衣规格　　　　　　　　　　　　　　　单位：厘米

名称 规格	衣长	胸围	袖长	肩宽	领宽	袖窿深	袖口围
3个月	27.5	47	21.5	20.5	11	12	12
6个月	29	49	22	21.5	11.5	12.5	13
9个月	30.5	51	23.5	22	12	13	14
12个月	32	53	25	23	12.5	14	15
18个月	33.5	55	27	24	13	14.5	16
24个月	35	57	29	25	13.5	15	17

欧洲复古风女婴连衣裙套装上衣结构如图5-9所示。

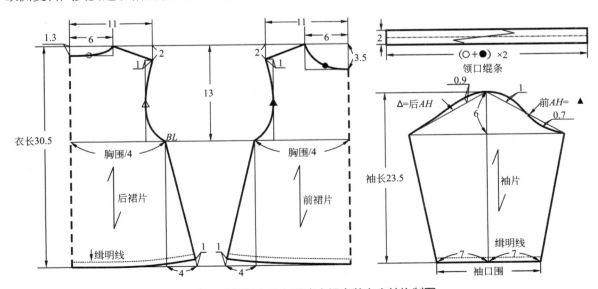

图5-9　欧洲复古风女婴连衣裙套装上衣结构制图

（三）欧洲复古风女婴连衣裙套装背带短裙

1. 款式说明

设计婴幼儿背带短裙时不仅要考虑到款式的美观，最重要的是要考虑到婴幼儿的舒适性以及安全性，此款裙子适合春秋季节穿着，如图5-10所示。

图5-10　欧洲复古风女婴连衣裙套装背带短裙效果图

（1）背带：此款婴幼儿裙子的背带采用的是抽碎褶，形成甜美风格的荷叶边。在裙子的正面，背带与裙子连接的地方采用木扣；在裙子的背面，背带中间有松紧带固定，以防背带的掉落以及保证穿着的舒适。

（2）腰口：腰口采用较宽的松紧带，以免在穿着时勒紧腰部。

（3）裙摆：裙摆利用抽碎褶的方式制成，形成造型为A字形的裙子，整体造型可爱甜美。

（4）抽碎褶荷叶边的制作：在本款裙子中，比较难制作的是背带上的抽碎褶荷叶边，背带与荷叶边的连接比较困难，要注意均匀分布；裙子的抽褶也要均匀分布。

欧洲复古风女婴连衣裙套装背带短裙款式如图5-11所示。

正视图　　　　　　　背视图

图5-11　欧洲复古风女婴连衣裙套装背带短裙款式图

2. 欧洲复古风女婴连衣裙套装背带短裙结构制图

按照所需要的人体尺寸，先制作出一个规格尺寸表，这里将不同年龄段欧洲复古风女婴连衣裙套装背带短裙各部位规格作为参考尺寸举例说明，见表5-6。

表5-6　欧洲复古风女婴连衣裙套装背带短裙成衣规格　　　　　　　　单位：厘米

规格＼名称	总长	裙长（除肩带）	腰围	腰头宽
3个月	37.5	22	50	2
6个月	39	23	52	2
9个月	40.5	24	54	2
12个月	42	25	56	2
18个月	43.5	26	58	2
24个月	45	27	60	2

欧洲复古风女婴连衣裙套装背带短裙结构如图5-12所示。

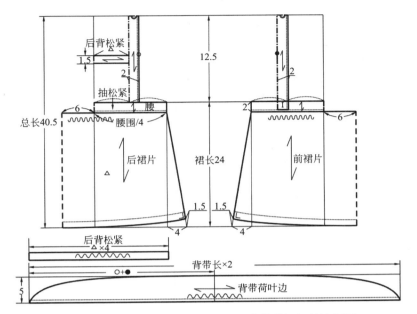

图5-12 欧洲复古风女婴连衣裙套装背带短裙结构制图

三、浪漫风格女婴三件套（喇叭袖上衣+背心+喇叭裤）

孩子如同夏日的朝阳，是最富有活力的，浪漫风格童装是常见的风格，经典的服装款型设计典雅大气，不论是在什么地方都能够使孩子成为亮点。荷叶边、缎带、蝴蝶结、富有梦幻特色的布艺装饰，让孩子显得更加纯美可爱，如图5-13所示。

图5-13 浪漫风格女婴三件套喇叭袖上衣效果图

（一）面料、辅料的准备

制作婴幼儿三件套要先了解和购买上衣的面料、辅料，下面将详细介绍面料、辅料的选择以及常使用的面料、辅料购买的用量以及所使用辅料的数量，见表5-7。

表5-7 浪漫风格女婴三件套面料、辅料的准备

常用面料	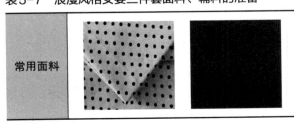	随着季节的变化，面料可以更换。此款服装的款式适合春秋季节，使用的是白底黑点的纯棉面料 此款背心用针织面料，穿在外面时宝宝不拘束，因为针织面料有很好的弹性，穿起来比较舒适

常用面料		喇叭裤采用针织面料,具有较好的弹性,吸湿透气,舒适保暖,便于宝宝运动。针织面料是童装使用最广泛的面料,几乎适用于童装的所有品类
常用辅料	松紧带	松紧带又叫弹力线、橡筋线,细点可作为服装辅料底线,特别适合于内衣、裤子、毛衣、运动服等,用在婴幼儿服装上比较柔软
	线	应选用色泽与面料颜色相近的缝纫线,同时兼具色牢度好、pH值安全及具有较好的防唾液腐蚀性和柔韧性等

(二)浪漫风格女婴三件套喇叭袖上衣

1. 款式说明

此款上衣最大的特点在于喇叭袖口的设计,适合宝宝春秋季节穿着。浪漫风格女婴三件套喇叭袖上衣款式如图5-14所示。

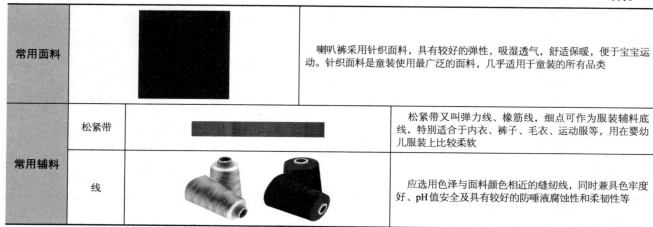

图5-14 浪漫风格女婴三件套喇叭袖上衣款式图

(1)领子:此款婴幼儿上衣的领口为圆领,最适合婴幼儿,因为婴幼儿的头部比较大,宽松的圆领不拘束孩子的头部及脖子,而且减轻了家长给宝宝更换服装的压力。

(2)袖子:袖子是普通的一片袖。

(3)袖口:喇叭袖口的设计是本款最大的特点,整体造型非常可爱乖巧。

2. 浪漫风格女婴三件套喇叭袖上衣结构制图

按照所需要的人体尺寸,先制作出一个规格尺寸表,这里将不同年龄段浪漫风格女婴三件套喇叭袖上衣各部位规格作为参考尺寸举例说明,见表5-8。

表5-8 浪漫风格女婴三件套喇叭袖上衣成衣规格 单位:厘米

规格\名称	衣长	胸围	袖长	肩宽	领宽	袖窿深	袖口围
3个月	27.5	48	21.5	20.5	11	12	12
6个月	29	52	22	21.5	11.5	12.5	13
9个月	30.5	56	23.5	22	12	13	14
12个月	32	56	25	23	12.5	14	15
18个月	33.5	56	27	24	13	14.5	16
24个月	35	62	29	25	13.5	15	17

浪漫风格女婴三件套喇叭袖上衣结构如图5-15所示。

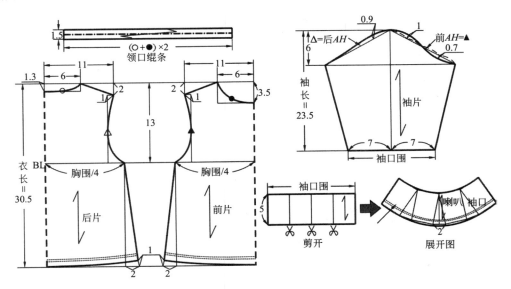

图5-15　浪漫风格女婴三件套喇叭袖上衣结构制图

（三）浪漫风格女婴三件套背心

1. 款式说明

此款背心适合12个月至24个月的宝宝穿着，结构较为简单，前片的领口为V领，正前面有与背心面料一致的装饰性蝴蝶结；后片为圆领；背心的下摆为荷叶边。此款背心要与上衣一起搭配穿着，整体风格比较可爱，款式较简单。如图5-16所示。

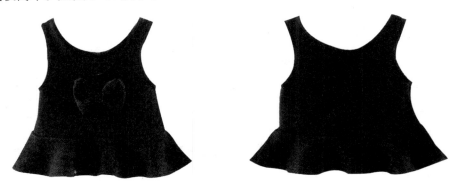

图5-16　浪漫风格女婴三件套背心效果图

（1）领子：此款婴幼儿背心的前片领口为V领，后片领口为圆领。
（2）袖子：无袖设计。
（3）下摆：下摆处为荷叶边，凸显孩子的可爱。
（4）下摆荷叶边的制作、袖子处的弧度：在本款背心中，比较难制作的是下摆荷叶边与衣身的连接，既要显得蓬松又要控制下摆不要太大；两个袖子处的弧度要保持一致，注意袖子的弧度前片要稍小于后片。

浪漫风格女婴三件套背心款式如图5-17所示。

2. 浪漫风格女婴三件套背心结构制图

按照所需要的人体尺寸，先制作出一个规格尺寸表，这里将不同年龄段浪漫风格女婴三件套背心各部位规格作为参考尺寸举例说明，见表5-9。

图5-17 浪漫风格女婴三件套背心款式图

表5-9 浪漫风格女婴三件套背心成衣规格 单位：厘米

名称 规格	衣长	胸围	领宽	肩宽	袖窿深
3个月	37.5	52	10	20	12
6个月	39	56	10.5	21	12.5
9个月	40.5	60	11	22	13.5
12个月	42	64	11.5	23	14
18个月	43.5	64	12	24	14.5
24个月	45	67	12.5	25	15

浪漫风格女婴三件套背心结构如图5-18所示。

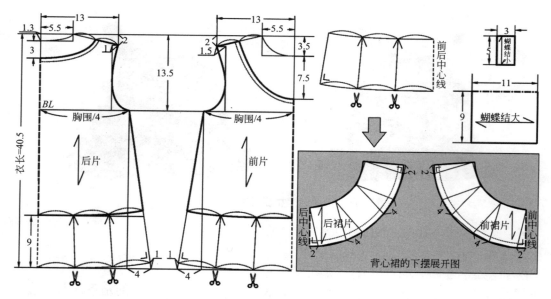

图5-18 浪漫风格女婴三件套背心结构制图

（四）浪漫风格女婴三件套喇叭裤

1. 款式说明

此款裤子的特点是裤口为喇叭口，使整体的风格更加利索，凸显婴幼儿的腿部线条。左右前片分别有两个插袋，腰头的松紧带较宽，这样不容易勒到宝宝的腰部。在本款喇叭裤中，比较难制作的是腰头与裤子的连接；两个插袋要注意对称，如图5-19所示。

图5-19　浪漫风格女婴三件套喇叭裤效果图

（1）档口：档口较深，是为了使孩子穿起来舒服。
（2）腰口：腰口较宽，松紧带较宽，保护孩子的腰部，以防受伤。
（3）裤口：裤口为喇叭形，结构较为简单。
浪漫风格女婴三件套喇叭裤款式如图5-20所示。

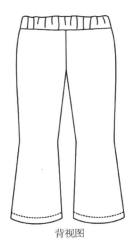

正视图　　　　　　　　背视图

图5-20　浪漫风格女婴三件套喇叭裤款式图

2.浪漫风格女婴三件套喇叭裤结构制图

按照所需要的人体尺寸，先制作出一个规格尺寸表，这里将不同年龄段浪漫风格女婴三件套喇叭裤各部位规格作为参考尺寸举例说明，见表5-10。

表5-10　浪漫风格女婴三件套喇叭裤成衣规格　　　　　　　　　　　　　　　　　　　　单位：厘米

名称\规格	裤长	腰围	臀围	腰头宽	脚口大
3个月	41	39	43	2	24
6个月	43	42	47	2	25
9个月	45	45	52	2	26
12个月	47	48	56	2	27
18个月	49	48	60	2	28
24个月	51	51	64	2	29

浪漫风格女婴三件套喇叭裤结构如图5-21所示。

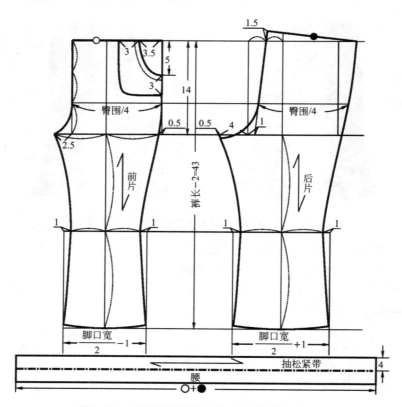

图5-21 浪漫风格女婴三件套喇叭裤结构制图

四、婴幼和尚服套装（上衣+开裆裤）

本款和尚服套装上衣的款式造型属于基本H型宽松版。婴儿的身体特征为凸肚、身体圆润。因此款式上采用宽松的设计，便于婴儿活动。此款服装的风格属于甜美风格，颜色柔和，图案可爱，适合女宝宝穿着，如果换成其他颜色的面料，也适合男宝宝穿着（如灰色、淡蓝色等）。面料柔软，款式简洁大方，穿着简单可爱。如图5-22所示。

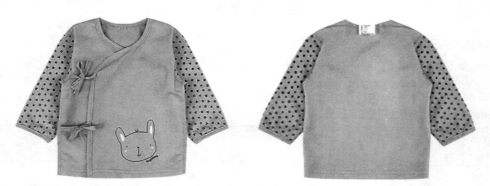

图5-22 婴幼和尚服套装上衣效果图

（一）面料、辅料的准备

制作婴幼和尚服套装要先了解和购买上衣的面料、辅料，下面将详细介绍面料、辅料的选择以及常使用的面料、辅料购买的用量以及所使用辅料的数量，见表5-11。

表5-11　婴幼和尚服套装面料、辅料的准备

常用面料	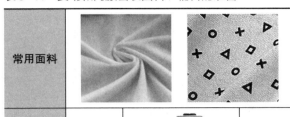	由于婴幼儿皮肤娇嫩、敏感等特点，因此在面料选择上多选用吸汗、透气、刺激性小的柔软织物。同时面料应具有较好的防唾液腐蚀性，符合国家婴幼儿服装标准的色牢度、pH值等 本款服装采用的均为纯棉面料，柔软亲肤，吸汗透气，可以让宝宝时时刻刻拥抱舒适 本款为不同图案的纯棉面料拼接而成，增加了服装的设计感 面料幅宽：110厘米、144厘米、150厘米
常用辅料	线	在缝纫线的选择上，应选用色泽与面料颜色相近的缝纫线，同时兼具色牢度好、pH值安全、具有较好的防唾液腐蚀性和柔韧性等

（二）婴幼和尚服套装上衣

1. 款式说明

这款上衣为婴儿春秋季服装，穿着舒适，可爱大方。上衣结构设计简单，长袖设计，偏襟，前面为可调节的宽松系带，可以满足不同身形的宝宝，同时也方便妈妈穿脱；领口为Y型设计，不勒宝宝的脖子，提升舒适感；袖口用缝线固定，松紧适宜，不勒宝宝的手腕。服装前片有可爱的兔子图案作为装饰，给服装增添了美感。

（1）上衣构成：服装前片为两片，后片为一片，袖片左右均为一片袖，上衣外形大致呈H型，服装整体结构简单。

（2）门襟：门襟为与领口相连的偏门襟设计，使宝宝穿着安全舒适。

（3）系带：舍弃纽扣，采用系带，以免损伤宝宝的皮肤或被宝宝误吞。采用系带设计，长短可调节，简单方便。

婴幼和尚服套装上衣款式如图5-23所示。

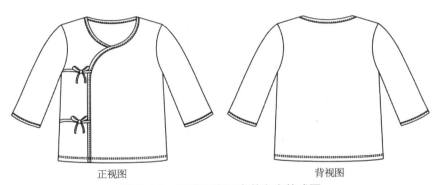

正视图　　　　　　　　　　背视图

图5-23　婴幼和尚服套装上衣款式图

2. 婴幼和尚服套装上衣结构制图

按照所需要的人体尺寸，先制作出一个规格尺寸表，这里将不同年龄段婴幼儿上衣各部位规格作为参考尺寸举例说明，见表5-12。

表5-12　婴幼和尚服套装上衣成衣规格　　　　　　　　　　　　　　　　　　　　　　单位：厘米

规格＼名称	衣长	胸围	肩宽	袖长	领宽	袖口宽
52cm	28	50	22	18.5	11	14
59cm	30	52	23	20.5	12	15
66cm	32	54	24	22.5	13	16
73cm	34	56	25	24.5	14	17

婴幼和尚服套装上衣结构如图5-24所示。

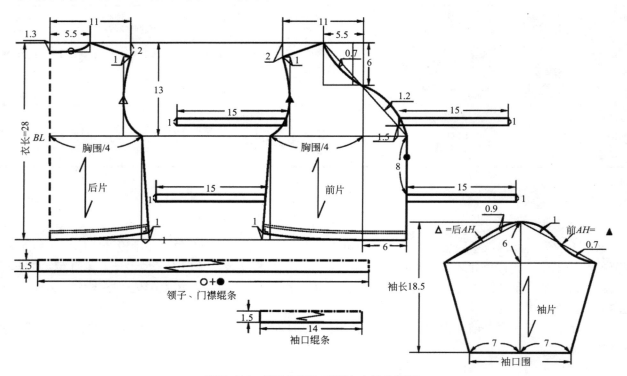

图5-24 婴幼和尚服套装上衣结构制图

（三）婴幼和尚服套装开裆裤

1. 款式说明

这款裤子为婴儿春秋季节服装，穿着舒适，可爱大方。裤子结构设计简单，为两片。裤裆处开口设计，可方便妈妈更换尿布，如图5-25所示。

婴幼和尚服套装开裆裤款式如图5-26所示。

图5-25 婴幼和尚服套装开裆裤效果图

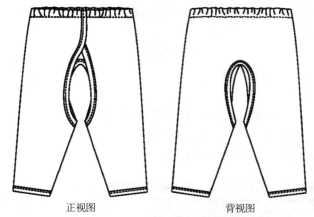

图5-26 婴幼和尚服套装开裆裤款式图

2. 婴幼和尚服套装开裆裤结构制图

按照所需要的人体尺寸，先制作出一个规格尺寸表，这里将不同年龄段婴幼儿开裆裤各部位规格作为参考尺寸举例说明，如表5-13。

表5-13　婴幼和尚服套装开裆裤成衣规格　　　　　　　　　　　　　　　　　　　　　　　　　　　单位：厘米

名称 规格	裤长	腰围	臀围	后开裆高	前开裆高	腰头宽
52cm	33	35.5	53	9.5	7	1.5
59cm	36	37	55	10	7.5	1.5
66cm	39	38.5	58	10	8	1.5
73cm	42	40	61	10.5	8.5	1.5

婴幼和尚服套装开裆裤结构如图5-27所示。

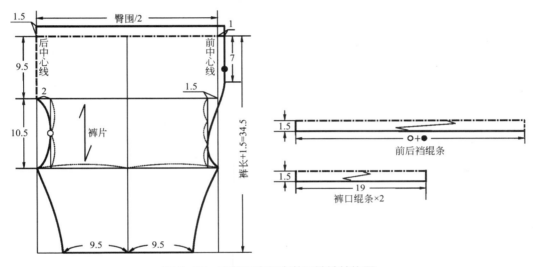

图5-27　婴幼和尚服套装开裆裤结构图

第二节　女婴连衣裙、背心裙裁剪纸样绘制

连衣裙是最适合女婴穿着的服装之一，宽松的放量、舒适的结构设计毫不阻碍女婴的身心发展。本书主要是对不同款式女婴连衣裙进行分类，并对其进行详细的说明。

一、传统洋娃娃风格碎花连衣裙

这种服装是一种很古老的传统样式，也称为"公主裙"，这种风格是一种永远的流行。它最先源于西方的唯美主义，以束腰的X造型为样式，配上灯笼袖和灯笼式蓬松的裙式，加上荷叶边的装饰、皱褶、镂空花纹以及绣花图案，再配上白色的短袜，头发扎成蝴蝶结，整个装扮好像一个漂亮的洋娃娃。这种风格的服装突出了小女孩的温柔、清纯、可爱和美丽。如图5-28所示。

（一）面料、辅料的准备

制作一条传统洋娃娃风格碎花连衣裙要先了解和购买裙子的面料、辅料，下面将详细介绍面料、辅料的选择以及常使用的面料、辅料购买的用量以及所使用辅料的数量，见表5-14。

图5-28　传统洋娃娃风格碎花连衣裙效果图

表5-14　传统洋娃娃风格碎花连衣裙面料、辅料的准备

常用面料		此款连衣裙所用的面料是纯棉碎花面料，适合夏季穿着，因为连衣裙夏季是贴身穿着，所以，面料必须选择柔软、不褪色的。纯棉面料符合以上特点，所以为首选面料，碎花面料可以使连衣裙的风格更加可爱休闲
		在连衣裙腰部选用此面料，因为连衣裙是纯棉碎花面料，所以，此款面料也是纯棉的，是单色红色，与连衣裙面料相呼应
常用辅料	线	应选用色泽与面料颜色相近的缝纫线，同时兼具色牢度好、pH值安全及具有较好的防唾液腐蚀性和柔韧性等

（二）传统洋娃娃风格碎花连衣裙款式

1. 款式说明

本款连衣裙的款式造型属于基本连衣裙型中的宽松连衣裙，适合1～6岁女孩夏季穿着。由于婴儿身体呈筒形，挺胸凸肚，所以连衣裙的外轮廓型采用上窄下宽的设计，可以隐藏婴儿凸肚的特点，修饰身形。服装整体偏宽松，适合婴儿服装的结构设计要求，可以满足婴儿翻身、爬行、独坐等不同的动作需求。

这款连衣裙为婴儿春秋季连衣裙，穿着舒适，可爱大方。连衣裙为长袖设计，前后片腹部以上有横向分割线，分割线下面抽碎褶，服装背部开口，方便婴儿穿脱。

传统洋娃娃风格碎花连衣裙款式如图5-29所示。

（1）裙身构成：前后片均分为上下两片，裙子外形大致呈A字形；一片袖。

（2）腰：腰部分割线，分割线下面抽碎褶（前后片下片均抽碎褶），腰带与上下两片相接。

（3）纽扣：纽扣位于连衣裙背部。纽扣最好使用五爪扣，不易脱落，同时可以防止纽扣刮伤宝宝。

本款连衣裙的结构重点是腰口的省道结构设计。在本款横向省裙的结构变化中，重点变化为腰部省的变化，通常为了解决人体腰围和臀围的差量，将省量自然设计在腰部。本款的设计是将腰部的省量转移到了侧缝上，改变了常见裙腰省的形态，采用的方法是省道的合并转移，实际就是在侧缝线上按照款式设计位置将省的位置剪开，将腰部的省捏合处理，形成侧缝省的变化。

图5-29 传统洋娃娃风格碎花连衣裙款式图

2. 传统洋娃娃风格碎花连衣裙结构制图

按照所需要的人体尺寸，先制作出一个规格尺寸表，这里将不同年龄段传统洋娃娃风格碎花连衣裙各部位规格作为参考尺寸举例说明，见表5-15。

表5-15 传统洋娃娃风格碎花连衣裙成衣规格　　　　　　　　　　　　　　　　　　　　　　　单位：厘米

规格＼名称	衣长	胸围	袖长	肩宽	领宽	袖窿深	袖口围
3个月	35.5	48	21	20.5	10	12	12
6个月	38	49.5	22	21.5	10.5	12.5	13
9个月	40.5	51	23.5	22	11	13	14
12个月	45.5	52	25.5	23	11.5	14	15
18个月	48	53.5	26.5	24	12	14.5	16
24个月	50.5	54.5	28	25	12.5	15	17

传统洋娃娃风格碎花连衣裙结构如图5-30所示。

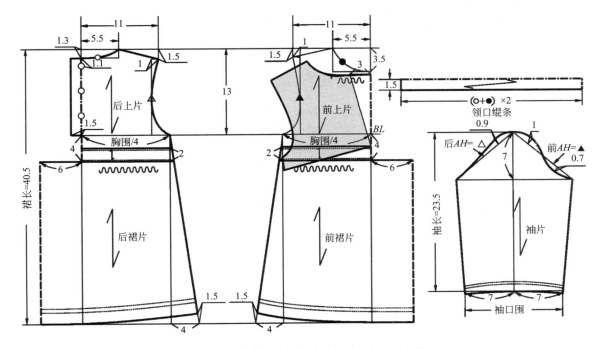

图5-30 传统洋娃娃风格碎花连衣裙结构制图

二、Q版背带连衣裙

本款背带连衣裙适合0～3岁宝宝夏季穿着。连衣裙比较可爱，采用背带设计，前片有纽扣，两个口袋，裙子的下摆设计成了荷叶边，更凸显连衣裙可爱的风格，如图5-31所示。

图5-31　Q版背带连衣裙效果图

（一）面料、辅料的准备

制作一条Q版背带连衣裙要先了解和购买裙子的面料和辅料，下面将详细介绍面料、辅料的选择以及常使用的面料、辅料购买的用量以及所使用辅料的数量，见表5-16。

表5-16　Q版背带连衣裙面料、辅料的准备

常用面料		面料属于针织面料，针织面料具有较好的弹性，吸湿透气，舒适保暖，是童装使用最广泛的面料，现在针织面料几乎适用于童装的所有品类。 用针织面料，是因为针织面料有很好的弹性，穿起来比较轻松，便于宝宝运动
常用辅料	木扣	婴幼儿服装上的扣子必须是安全性较高的，木质扣子不易划伤孩子，所以在婴幼儿服装上使用得较多
	线	应选用色泽与面料颜色相近的缝纫线，同时兼具色牢度好、pH值安全及具有较好的防唾液腐蚀性和柔韧性等

（二）Q版背带连衣裙款式

1. 款式说明

在本款背带连衣裙的裁剪与制作中，裙身袖口和胸口的弧度是比较难把握的，因为弧度的高低决定宝宝穿着是否舒服，所以，在裁剪时要特别注意。

下摆荷叶边与裙身的连接有一定难度，要缝制均匀，不能出现鼓鼓囊囊的情况。

Q版背带连衣裙款式如图5-32所示。

（1）裙身构成：前后片均分为背带，下摆采用荷叶边，裙子外形大致呈H字形。

（2）袖子：无袖设计。

（3）纽扣：纽扣位于连衣裙正面，方便家长给宝宝脱换服装。

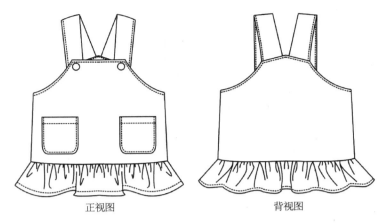

图5-32　Q版背带连衣裙款式图

（4）口袋：口袋为方形。
（5）下摆：下摆的荷叶边设计是此款连衣裙体现可爱风格的地方。
本款Q版背带连衣裙的结构重点是裙身弧度的裁剪、下摆荷叶边与裙身的连接。

2. Q版背带连衣裙结构制图

按照所需要的人体尺寸，先制作出一个规格尺寸表，这里将不同年龄段Q版背带连衣裙各部位规格作为参考尺寸举例说明，见表5-17。

表5-17　Q版背带连衣裙成衣规格　　　　　　　　　　　　　　　　　　　　　　　　单位：厘米

规格＼名称	裙长	胸围	袖隆深	肩带宽
3个月	35.5	48	12	3.5
6个月	38	49.5	12.5	3.5
9个月	40.5	51	13	3.5
12个月	45.5	52	14	4
18个月	48	53.5	14.5	4
24个月	50.5	54.5	15	4

Q版背带连衣裙结构如图5-33所示。

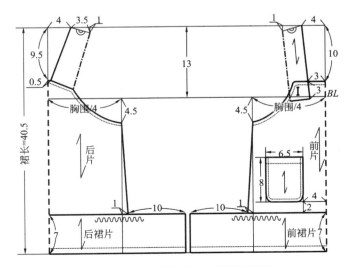

图5-33　Q版背带连衣裙结构制图

三、英伦风格背心连衣裙

英伦风格是现在童装最流行的一种元素之一,背心裙配不同针织衫、T恤、衬衫等内搭装扮,让宝贝更端庄优雅,如图5-34所示。

图5-34 英伦风格背心连衣裙效果图

（一）面料、辅料的准备

制作一条英伦风格背心连衣裙首先要先了解和购买裙子的面料、辅料,下面将详细介绍面料、辅料的选择以及常使用的面料、辅料购买的用量以及所使用辅料的数量,见表5-18。

表5-18 英伦风格背心连衣裙面料、辅料的准备

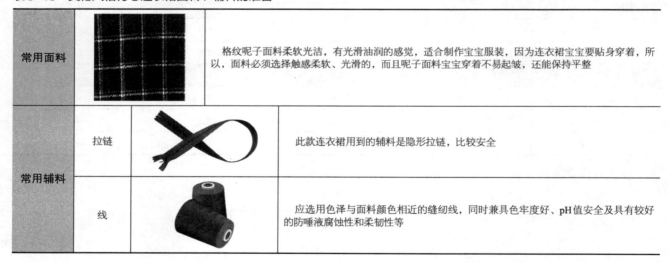

（二）英伦风格背心连衣裙款式

1. 款式说明

本款连衣裙适合0～3岁宝宝春秋季节穿着。可爱的无袖设计,前片有布花装饰,裙子的下摆是荷叶边,更凸显连衣裙可爱的风格,如图5-35所示。

（1）裙身构成：裙子为上下结构,上半部分为裙身,下半部分为荷叶边,裙子外形大致呈A字形。

（2）袖子：无袖设计。

（3）拉链：拉链位于连衣裙背面,可方便家长给宝宝脱换服装。

（4）下摆：下摆的荷叶边设计是此款连衣裙体现可爱风格的地方。

英伦风格背心连衣裙款式如图5-35所示。

正视图　　　　　　　　背视图

图5-35　英伦风格背心连衣裙款式图

本款英伦风格连衣裙的结构重点是袖子弧度的裁剪、下摆荷叶边与裙身的连接、拉链的安装、格子的对接。在本款背带连衣裙的裁剪与制作中，裙身袖口的弧度是比较难把握的，因为弧度的合适与否决定宝宝穿着是否舒服，所以，在裁剪时要特别注意。拉链的安装比较困难，采用隐形拉链，因为此款连衣裙的面料是格纹的，所以，背面在安装拉链时还要注意格子的对接。

2. 英伦风格背心连衣裙结构制图

按照所需要的人体尺寸，先制作出一个尺寸表，这里将不同年龄段英伦风格背心连衣裙各部位规格作为参考尺寸举例说明，见表5-19。

表5-19　英伦风格背心连衣裙成衣规格　　　　　　　　　　　　　　　　　　　　　　　单位：厘米

名称 规格	裙长	胸围	肩宽	领宽	袖窿深
3个月	35.5	48	18	5.9	12
6个月	38	49.5	19	6.2	12.5
9个月	40.5	51	20	6.5	13
12个月	45.5	52	21	6.8	14
18个月	48	53.5	22	7.1	14.5
24个月	50.5	54.5	23	7.4	15

英伦风格背心连衣裙结构如图5-36所示。

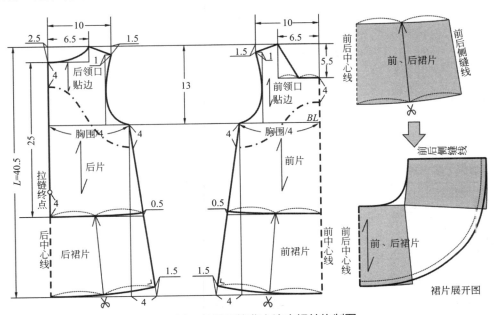

图5-36　英伦风格背心连衣裙结构制图

第三节 婴幼哈衣裁剪纸样绘制

哈衣又叫爬爬服、连身衣、连体衣，适合0～3岁婴儿穿着，是欧美、日韩等国家流行的婴幼服装款式，是一种重要的婴儿服装品类，以穿着健康舒适受到家长们的喜爱。

日常穿着应避免松紧带束缚宝宝，让宝宝更舒适。连体哈衣更有利于宝宝的发育哦！春秋季节可以给宝宝单穿，天冷时可以穿在里面当内衣，很舒服，是宝宝的必备衣服哦！棉质哈衣对宝宝的皮肤有很好的保护作用，睡觉时穿着也可避免宝宝因踢被而使肚肚受凉，方便宝宝活动。

哈衣是连体的，第一，可以保护宝宝的肚脐不着凉；第二，穿着非常方便，下面的暗扣一打开就可方便更换尿不湿；第三，是很百搭的款式，配背带裤、背带裙、单裤都很漂亮，而且可以解决分体衣服会上串的问题，可以很好地保护宝宝的小肚子。

一、装袖（弯夹）哈衣（男女通用）

本款哈衣适合0～3岁的宝宝夏季穿着。款式属于基本款，造型简单，为了婴儿穿着舒适、健康、方便，采用宽松的设计，以适应这个时期婴幼儿身体状况的迅速发展。本款哈衣款式简单，色彩以浅蓝色和浅绿色相接而成，适合婴幼儿的视觉发育；可爱的小汽车图案，添加了趣味性。如图5-37所示。

图5-37 装袖（弯夹）哈衣效果图

（一）面料、辅料的准备

制作一件装袖（弯夹）哈衣，要先了解和购买哈衣的面料、辅料，下面将详细介绍面料、辅料的选择以及常使用的面料、辅料购买的用量以及所使用辅料的数量，见表5-20。

表5-20 装袖（弯夹）哈衣面料、辅料的准备

常用面料		纯棉面料，吸湿性、保暖性、耐热性、耐碱性、卫生性都比较好。上衣穿着时直接贴近婴幼儿皮肤，所以，此款服装采用的是纯棉面料

续表

常用辅料	五爪扣		五爪纽电镀一般为无助环保处理，所以多用在童装上
	线		应选用色泽与面料颜色相近的缝纫线，同时兼具色牢度好、pH值安全及具有较好的防唾液腐蚀性和柔韧性等

（二）装袖（弯夹）哈衣款式

1. 款式说明

这款哈衣为婴儿夏季连体衣，整体宽松设计，圆领，短袖，衣身与裤装相连，无门襟，裆部开口系扣，方便家长给宝宝穿脱与更换尿布；采用舒适柔软的面料，有利于婴幼儿胸腹部的健康发育与运动。

（1）衣身：前后片均分为上下两片；一片袖。

（2）纽扣：纽扣位于裆部，整件衣服只有三粒纽扣（五爪扣），保证衣服平整光滑，以免误食或划伤孩子皮肤。

（3）绲条：领口、裆部弧线部分均有绲条设计（领部一个、裆部弧线前后各一个）。

装袖（弯夹）哈衣款式如图5-38所示。

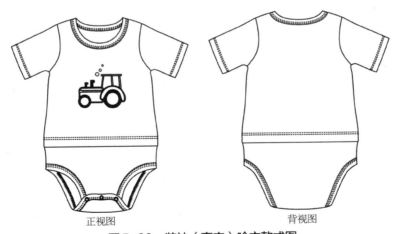

正视图　　　　　　　背视图

图5-38　装袖（弯夹）哈衣款式图

本款装袖哈衣的结构重点是裆部的结构设计。本款哈衣比较难把握的是裆部的结构设计。因为要给婴幼儿频繁地更换尿布，裆部的弧度设计必须符合婴幼儿的体征特点，使宝宝活动起来不拘束，且不影响家长给宝宝换尿布。

2. 装袖（弯夹）哈衣结构制图

按照所需要的人体尺寸，先制作出一个规格尺寸表，这里将不同年龄段装袖（弯夹）哈衣各部位规格作为参考尺寸举例说明，见表5-21。

表5-21 装袖（弯夹）哈衣成衣规格　　　　　　　　　　　　　　　　　　　　　　　　　　　单位：厘米

名称\规格	衣长	胸围	袖窿深	臀围	袖长	袖口	肩宽	领宽	裆宽
早产儿	30.5	40.5	10	40.5	6.5	7	17	8.5	11
新生儿	37	40	10.5	40	7.5	7	19	9.5	11.5
3个月	38	45	11	45	8	7.5	20	10	12
6个月	39.5	46.5	11.5	46.5	8.5	7.5	21	10.5	12.5
9个月	40.5	48	12	48	9	8	22	11	13
12个月	42.5	49.5	12.5	49.5	9.5	8.5	23	12	13
18个月	44.5	51	13	51	10	9	24	13	13.5
24个月	46.5	52.5	13.5	52.5	10.5	9.5	25	14	13.5

装袖（弯夹）哈衣结构如图5-39所示。

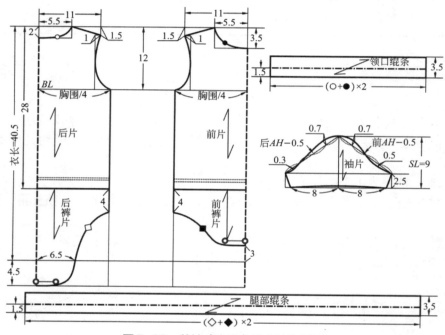

图5-39 装袖（弯夹）哈衣结构制图

二、插肩袖（直夹）哈衣（男女通用）

本款哈衣适合0～3岁的宝宝夏季穿着。款式造型比较简单，袖子为插肩袖，袖子上的卡通图案为整体服装增添了几分童趣与可爱，如图5-40所示。

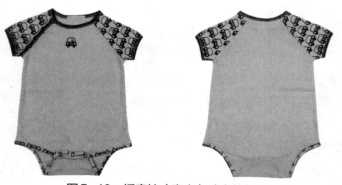

图5-40 插肩袖（直夹）哈衣效果图

（一）面料、辅料的准备

制作一件插肩袖（直夹）哈衣，要先了解和购买哈衣的面料、辅料，下面将详细介绍面料、辅料的选择以及常使用的面料、辅料购买的用量以及所使用辅料的数量，见表5-22。

表5-22 插肩袖（直夹）哈衣面料、辅料的准备

常用面料		纯棉面料，吸湿性、保暖性、耐热性、耐碱性、卫生性都比较好。上衣穿着时直接贴近婴幼儿皮肤，所以，此款服装采用的是纯棉面料 袖子的面料也是纯棉质地的，加上了卡通图案，为服装增添了童趣，更加可爱
常用辅料	五爪扣	五爪纽电镀一般为无助环保处理，所以多用在童装上
	线	应选用色泽与面料颜色相近的缝纫线，同时兼具色牢度好、pH值安全及具有较好的防唾液腐蚀性和柔韧性等

（二）插肩袖（直夹）哈衣款式

1. 款式说明

（1）领口：领口为圆领，适合婴幼儿头大的特点，方便穿脱。

（2）袖子：插肩袖，袖子面料的图案与衣身不同，使服装更加可爱。

（3）衣身：此款哈衣分为袖子、衣身。在裆部装有纽扣，方便家长给宝宝穿脱与更换尿不湿。

插肩袖（直夹）哈衣款式如图5-41所示。

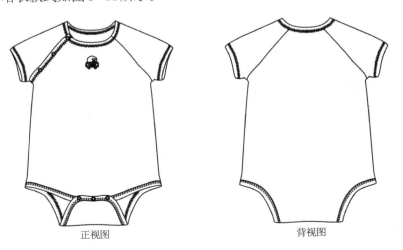

图5-41 插肩袖（直夹）哈衣款式图

插肩袖（直夹）哈衣的结构重点是插肩袖与衣身的缝制及裆部的结构设计。在本款哈衣中，比较难的是插肩袖与衣身的连接；比较难把握的还有裆部的结构设计。因为要给婴儿频繁地更换尿布，所以，裆部的弧度设计必须符合婴幼儿的体征特点，使宝宝活动起来不拘束，且不影响家长给宝宝换尿布。

2. 插肩袖（直夹）哈衣结构制图

按照所需要的人体尺寸，先制作出一个规格尺寸表，这里将不同年龄段插肩袖（直夹）哈衣各部位规格作为参考尺寸举例说明，见表5-23。

表5-23 插肩袖（直夹）哈衣成衣规格　　　　　　　　　　　　　　　　　　　　　　　单位：厘米

规格＼名称	衣长	胸围	袖窿深	臀围	裆宽	袖长	袖口宽	领宽
早产儿	30.5	40.5	10	40.5	11	11	7	9
新生儿	37	44.5	10.5	40	11.5	12	7.5	9.5
3个月	38	46	11	45	12	13	8	10
6个月	39.5	47	11.5	46.5	12.5	13.5	8	10.5
9个月	40.5	48	12	48	13	14	8.5	11
12个月	42.5	49.5	12.5	49.5	13	15	9	12
18个月	44.5	51	13	51	13.5	16	9	13
24个月	46.5	52	13.5	52.5	13.5	17	9.5	14

插肩袖（直夹）哈衣结构如图5-42所示。

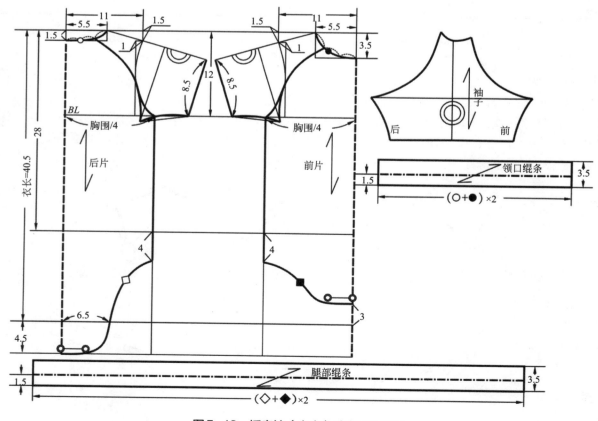

图5-42　插肩袖（直夹）哈衣结构制图

三、装袖连帽哈衣（男女通用）

本款哈衣适合0～3岁的宝宝冬季穿着。款式造型比较简单，袖子为一片袖，装有帽子，斜襟从脖子处一直开到脚裤口处，可方便家长给宝宝穿脱，如图5-43所示。

图5-43　装袖连帽哈衣效果图

（一）面料、辅料的准备

制作一件装袖连帽哈衣，要先了解和购买棉哈衣的面料、辅料，下面将详细介绍面料、辅料的选择以及常使用的面料、辅料购买的用量以及所使用辅料的数量，见表5-24。

表5-24　装袖连帽哈衣面料、辅料的准备

常用面料			纯棉面料，吸湿性、保暖性、耐热性、耐碱性、卫生性都比较好。上衣穿着时直接贴近婴幼儿皮肤，所以，此款服装采用的是纯棉面料 此款哈衣是在冬季穿着，所以，在面料中加入了天然棉花，可起到保暖的作用
常用辅料	四合扣		为避免婴幼儿舔食，应选用天然、无毒、染色且色牢度好的。此款服装采用的纽扣是四合扣，主要是为了婴幼儿的安全与健康
	线		应选用色泽与面料颜色相近的缝纫线，同时兼具色牢度好、pH值安全及具有较好的防唾液腐蚀性和柔韧性等

（二）装袖连帽哈衣款式

1. 款式说明

（1）帽子：装有可爱的帽子，在冬季可以使服装更加保暖。

（2）袖子：一片袖，采用螺纹袖口，以免穿着时透风，可起到保暖的作用。

（3）开襟：此款哈衣为斜开襟，从脖子一直开到裤口处，可方便家长给宝宝换衣服。

（4）扣子：在开襟处选用四合扣。

（5）裤口：采用螺纹裤口。

装袖连帽哈衣款式如图5-44所示。

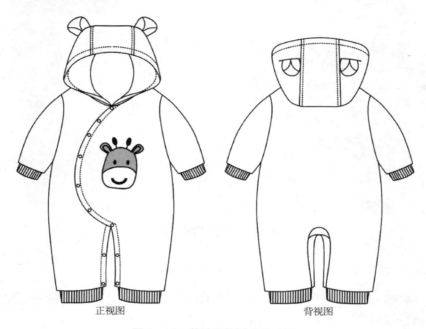

图5-44　装袖连帽哈衣款式图

装袖连帽哈衣的结构设计重点是帽子的制作、开襟的弧度、裆部的结构设计。在本款哈衣中，帽子的结构比较难把握，在制作时必须宽松一点，不能太紧，否则会影响宝宝的头部活动；开襟的弧度特别难把握，不仅要结实而且要美观；比较难把握的还有裆部的结构设计。因为要给婴儿频繁地更换尿布，所以，裆部的弧度设计必须符合婴儿的体征特点，使宝宝活动起来不拘束，且不影响家长给宝宝换尿布。

2. 装袖连帽结构制图

按照所需要的人体尺寸，先制作出一个规格尺寸表，这里将不同年龄段装袖连帽哈衣各部位规格作为参考尺寸举例说明，见表5-25。

表5-25　装袖连帽哈衣成衣规格　　　　　　　　　　　　　　　　　　　　　　　　单位：厘米

名称\规格	衣长	胸围	臀围	袖窿深	袖长	肩宽	领宽	头围
3个月	53	54	66	13.5	19	20	10.5	44.5
6个月	57	56	68	14.5	21	21	11	44.5
9个月	61	58	70	15.5	23	22	11.5	46.5
12个月	65	60	72	16.5	25	23	12	48.5
18个月	69	62	74	17.5	27	24	12.5	50.5

装袖连帽哈衣结构如图5-45所示。

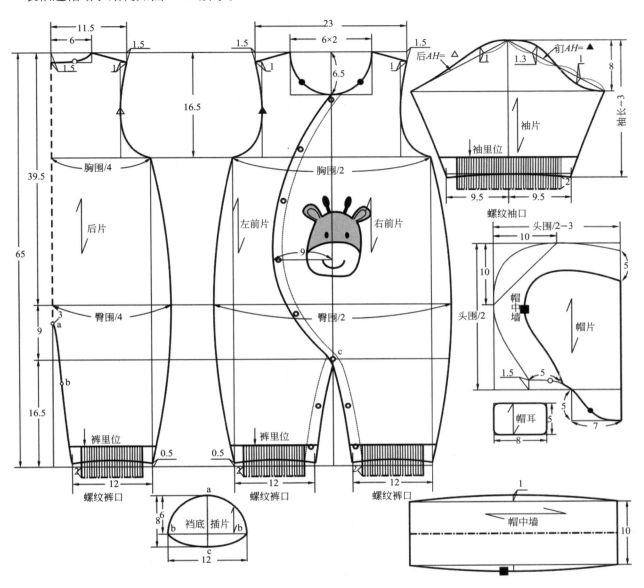

图5-45 装袖连帽哈衣结构制图

第四节 连体衣（包脚哈衣）裁剪纸样绘制

宝宝穿连体衣有什么好处？首先传统的绑带或者松紧带的裤子，很多妈妈都担心会勒着宝宝稚嫩的肌肤而影响宝宝骨骼的发育，而爬服就没有此烦恼；其次就是换尿布了，开档的设计使换尿布的过程变得很简单，只需把扣子全部打开就能很轻松地给宝宝更换尿布，省去了传统裤子需要全部脱下更换的麻烦过程。

一、装袖（弯夹）连袜连体衣（男女通用）

本款连体衣适合0～3岁的宝宝冬季穿着。款式造型比较简单，袖子为一片袖，斜襟从脖子处一直开到脚裤口处，可方便家长给宝宝穿脱，如图5-46所示。

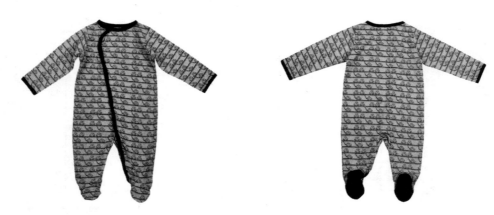

图5-46　装袖（弯夹）连袜连体衣效果图

（一）面料、辅料的准备

制作一件装袖（弯夹）连袜连体衣，要先了解和购买连体衣的面料、辅料，下面将详细介绍面料、辅料的选择以及常使用的面料、辅料购买的用量以及所使用辅料的数量，见表5-26。

表5-26　装袖（弯夹）连袜连体衣面料、辅料的准备

常用面料		纯棉面料，吸湿性、保暖性、耐热性、耐碱性、卫生性都比较好。上衣穿着时直接贴近婴幼儿皮肤，所以，此款服装采用的是纯棉面料
常用辅料	五爪扣	五爪组电镀一般为无助环保处理，所以多用在童装上
	线	应选用色泽与面料颜色相近的缝纫线，同时兼具色牢度好、pH值安全及具有较好的防唾液腐蚀性和柔韧性等

（二）装袖（弯夹）连袜连体衣

1. 款式说明

（1）领口：领口为圆领，符合宝宝头大的特征。

（2）袖子：一片袖。

（3）开襟：此款哈衣为斜开襟，从脖子处一直开到裤口处，可方便家长给宝宝换衣服。

（4）扣子：在开襟处选用四合扣。

（5）袜子：袜子与裤子连在一起，这样可以固定宝宝的脚。

装袖（弯夹）连袜连体衣款式如图5-47所示。

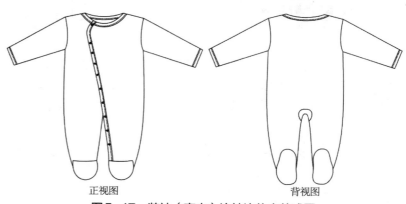

正视图　　　　背视图

图5-47　装袖（弯夹）连袜连体衣款式图

装袖（弯夹）连袜连体衣的结构重点是袜子与裤子的连接、开襟的弧度、裆部的结构设计。在本款连体衣的结构中，袜子与裤子的连接是比较难的，在制作时必须宽松一点，不能太紧，否则会影响宝宝脚的活动。开襟的弧度特别难把握，不仅要结实而且要美观；比较难把握的还有裆部的结构设计。因为要给婴儿频繁地更换尿布，所以，裆部的弧度设计必须要符合婴儿的体征特点，使宝宝活动起来不拘束，且不影响家长给宝宝换尿布。

2. 装袖（弯夹）连袜连体衣结构制图

按照所需要的人体尺寸，先制作出一个规格尺寸表，这里将不同年龄段装袖（弯夹）连袜连体衣各部位规格作为参考尺寸举例说明，见表5-27。

表5-27 装袖（弯夹）连袜连体衣成衣规格　　　　　　　　　　　　　　　　　　　　　单位：厘米

规格＼名称	衣长	胸围	臀围	裆底衣长	侧肩宽	袖长	袖窿深	袖口	脚长	脚宽
早产儿	39.5	41	41	30.5	4	17	9.5	12	7.5	3.5～4
新生儿	48	45	45	37	4.5	19	10.5	13	8.5	5
3个月	51	46	46	38	5	21	11	14	9	5.5～6
6个月	53	47	47	39.5	5.5	22.5	11.5	15	9.5	6
9个月	57	48	48	40.5	6	23.5	12	16	10	6.5

装袖（弯夹）连袜连体衣结构如图5-48所示。

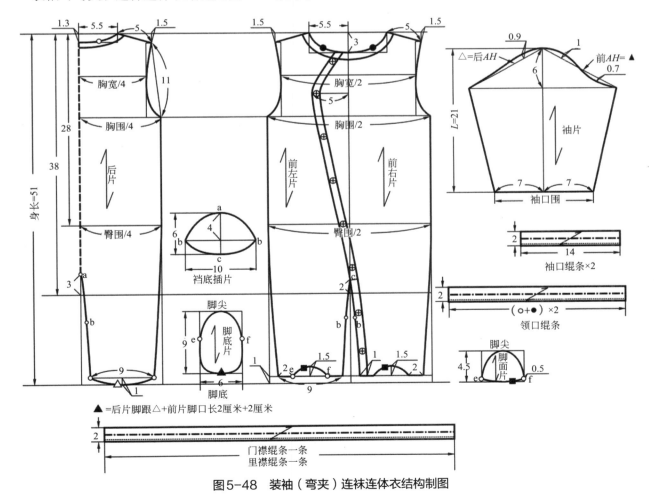

图5-48 装袖（弯夹）连袜连体衣结构制图

二、插肩袖（直夹）连袜连体衣（男女通用）

本款连体衣适合0～3岁的宝宝春秋穿着。款式造型比较简单，袖子为一片袖，斜襟从脖子处一直开到脚裤口处，可方便家长给宝宝穿脱，如图5-49所示。

（一）面料、辅料的准备

制作一件插肩袖（直夹）连袜连体衣，要先了解和购买连体衣的面料、辅料，下面将详细介绍面料、辅料的选择以及常使用的面料、辅料购买的用量以及所使用辅料的数量，见表5-28。

图5-49　插肩袖（直夹）连袜连体衣效果图

表5-28　插肩袖（直夹）连袜连体衣面料、辅料的准备

常用面料			纯棉面料，吸湿性、保暖性、耐热性、耐碱性、卫生性都比较好。上衣穿着时直接贴近婴幼儿皮肤，所以，此款服装采用的是纯棉面料 在面料上印染花色卡通图案更显童趣
常用辅料	五爪扣		五爪纽电镀一般为无助环保处理，所以多用在童装上
	线		应选用色泽与面料颜色相近的缝纫线，同时兼具色牢度好、pH值安全及具有较好的防唾液腐蚀性和柔韧性等

（二）插肩袖（直夹）连袜连体衣款式

1. 款式说明

（1）领口：领口为圆领，符合宝宝头大的特征。

（2）袖子：插肩袖。

（3）开襟：此款连体衣为斜开襟，从脖子处一直开到裤口处，可方便家长给宝宝换衣服。

（4）扣子：在开襟处选用的扣子是五爪扣。

（5）袜子：袜子是与裤子连在一起的，这样可以固定宝宝的脚。

插肩袖（直夹）连袜连体衣款式如图5-50。

插肩袖（直夹）连袜连体衣的结构重点是袜子与裤子的连接、开襟的弧度、插肩袖的缝制。在本款连体衣中，袜子与裤子的连接是比较难的，在制作时必须宽松一点，不能太紧，否则会影响宝宝脚的活动；开襟的弧度特别难把握，不仅要结实而且要美观；比较难把握的还有插肩袖的缝制，一片袖只需要与衣身连接，但插肩袖是与衣身的结构直接关联的，所以要特别注意。

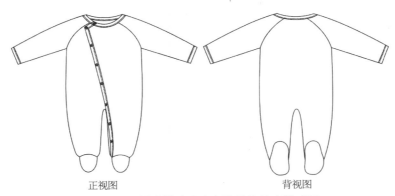

正视图　　　　　　　　　背视图

图5-50　插肩袖（直夹）连袜连体衣款式图

2. 插肩袖（直夹）连袜连体衣结构制图

按照所需要的人体尺寸，先制作出一个规格尺寸表，这里将不同年龄段婴幼儿夏季连袜连体衣各部位规格作为参考尺寸举例说明，见表5-29。

表5-29　插肩袖（直夹）连袜连体衣成衣规格　　　　　　　　　　　　　　　　　　　　单位：厘米

名称\规格	衣长	胸围	臀围	裆底衣长	袖长	袖窿深	袖口	脚长	脚宽
早产儿	39.5	41	41	30.5	17	9.5	12	7.5	3.5～4
新生儿	48	45	45	37	19	10.5	13	8.5	5
3个月	51	46	46	38	26	11	14	9	5.5～6
6个月	53	47	47	39.5	22	11.5	15	9.5	6
9个月	57	48	48	40.5	23.5	12	16	10	6.5

插肩袖（直夹）连袜连体衣结构如图5-51所示。

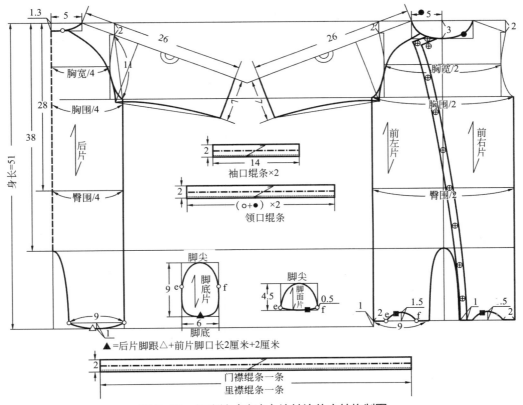

图5-51　插肩袖（直夹）连袜连体衣结构制图

三、卡通装袖连袜连体衣(男女通用)

本款连体衣适合0～3岁的宝宝春秋穿着。款式造型比较简单,一片袖,直襟从脖子处一直开到脚裤口处,可方便家长给宝宝穿脱,如图5-52。

(一)面料、辅料的准备

制作一件卡通装袖连袜连体衣,要先了解和购买连体衣的面料、辅料,下面将详细介绍面料、辅料的选择以及常使用的面料、辅料购买的用量以及所使用辅料的数量,见表5-30。

图5-52 卡通装袖连袜连体衣效果图

表5-30 卡通装袖连袜连体衣面料、辅料的准备

常用面料			纯棉面料,吸湿性、保暖性、耐热性、耐碱性、卫生性都比较好。上衣穿着时直接贴近婴幼儿皮肤,所以,此款服装采用的是纯棉面料。针织面料具有较好的弹性,吸湿透气,舒适保暖,是童装使用最广泛的面料,现在针织面料几乎适用于童装的所有品类。使用针织面料主要是让宝宝穿在外面时不拘束,因为针织面料有很好的弹性,穿起来比较轻松
常用辅料	丝带		服装前片的丝带,安全性也是较高的。丝带用作服装的装饰,要缝死在服装上,以防掉落导致宝宝吞食。丝带的长度最长为35厘米
	五爪扣		五爪纽电镀一般为无㕁环保处理,所以多用在童装上
	线		应选用色泽与面料颜色相近的缝纫线,同时兼具色牢度好、pH值安全及具有较好的防唾液腐蚀性和柔韧性等

(二)卡通装袖连袜连体衣款式

1. 款式说明

(1)领口:领口为圆领,符合宝宝头大的特征。

(2)袖子:一片袖。

(3)开襟:此款连体衣为直开襟,从脖子处一直开到裤口处,可方便家长给宝宝换衣服。

(4)扣子:在开襟处选用的扣子是五爪扣。

(5)袜子:袜子是与裤子连在一起的,这样可以固定宝宝的脚。

卡通装袖连袜连体衣款式如图5-53所示。

卡通装袖连袜连体衣的结构重点是袜子与裤子的连接、领口的处理。在本款连体衣中,袜子与裤子的连接是比较难的,在制作时必须宽松一点,不能太紧,否则会影响宝宝脚的活动;领子的结构要注意对称,并且要注意与衣身的正确缝制。

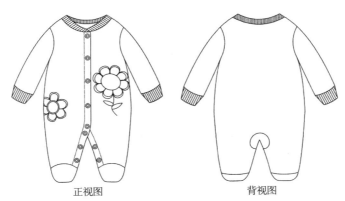

正视图　　　　　　背视图

图5-53　卡通装袖连袜连体衣款式图

2. 卡通装袖连袜连体衣结构制图

按照所需要的人体尺寸，先制作出一个规格尺寸表，这里将不同年龄段卡通装袖连袜连体衣各部位规格作为参考尺寸举例说明，见表5-31。

表5-31　卡通装袖连袜连体衣成衣规格　　　　　　　　　　　　　　　　　　　　单位：厘米

名称\规格	衣长	裆底衣长	侧肩宽	胸围	臀围	袖长	腕围	脚长	脚宽
早产儿	50	36	3.5	40.5	50	17	10	7	5
新生儿	52	38	4	44.5	55	19	11	8	6
3个月	53	39	4.5	50	56	21	12	9	7
6个月	55	40	5	47	61	22	13	10	7
9个月	57	40.5	5.5	48	64	23.5	14	11	8

卡通装袖连袜连体衣结构如图5-54所示。

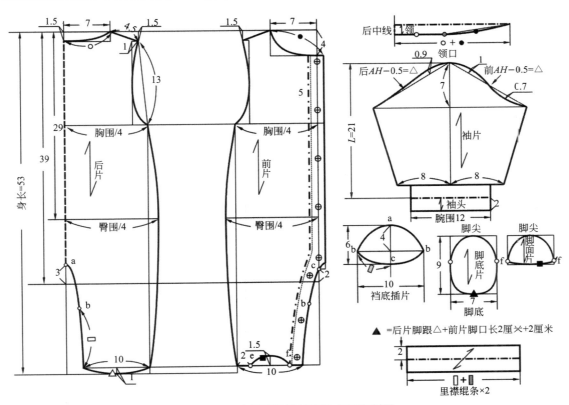

图5-54　卡通装袖连袜连体衣结构制图

第五节　儿童配件裁剪纸样绘制

一、睡袋

本款睡袋是最常用的款式。睡袋主要是在宝宝睡觉时穿着，起到保暖的作用。斜襟自领口处一直到脚口处，可方便家长给宝宝穿脱，以扣子固定，如图5-55所示。

1. 睡袋款式说明

（1）领子：小圆领设计。

（2）袖子：一片袖，在袖子后片的袖口处有可以翻折回去包住宝宝手的一块面料，可起到手套的作用。

（3）门襟：斜门襟，自领口至脚口，脚口处以松紧带收口。

（4）整体造型：整体造型为宽松版H型。

图5-55　睡袋效果图

睡袋的结构重点是袖子与衣身的连接、门襟斜度的把握。袖子与衣身连接时注意左右袖的区分，在缝制袖子时要把左右袖子区分开来；门襟是自领口处至脚口的，贯穿整个睡袋，所以，斜度要把握好。因为斜度决定家长给宝宝脱换是否顺手以及宝宝穿着时的舒适度。

2. 面料、辅料的准备

制作一件睡袋要先了解和购买睡袋的面料、辅料，下面将详细介绍面料、辅料的选择以及常使用的面料、辅料购买的用量以及所使用辅料的数量，如表5-32。

表5-32　睡袋面料、辅料的准备

常用面料		纯棉面料，吸湿性、保湿性、耐热性、耐碱性、卫生性都比较好。睡袋直接贴近婴幼儿皮肤，所以，此款服装采用的是纯棉面料 随着季节的变化，面料可以更换，此款睡袋的款式适合春夏秋冬四季。夏季选择棉布料中最薄的，春秋冬季选择较厚的
常用辅料	塑料扣子	采用塑料扣的主要目的是可以将扣子缝死在服装上，因为扣子掉落可能会对儿童造成危险
	松紧带	松紧带又叫弹力线、橡筋线，细点可作为服装辅料底线，特别适合于内衣、裤子、毛衣、运动服等，用在婴幼儿服装上比较柔软
	线	应选用色泽与面料颜色相近的缝纫线，同时兼具色牢度好、pH值安全及具有较好的防唾液腐蚀性和柔韧性等

3. 睡袋结构制图

按照所需要的人体尺寸，先制作出一个规格尺寸表，这里将不同年龄段婴幼儿睡袋各部位规格作为参考尺寸举例说明，见表5-33。

表5-33 睡袋成衣规格　　　　　　　　　　　　　　　　　　　　　　　　　单位：厘米

规格＼名称	衣长	胸围	领宽	侧肩宽	臀围	袖窿斜度	下摆	下摆（松紧）	袖长	袖口宽
早产儿	42	41	10	4	58	9	58	38	16	12
新生儿	51	49.5	10.5	4.5	61	10	61	41	19	13
3个月	53	51	11	5.5	64	11	64	42	21	15

睡袋款式如图5-56所示。

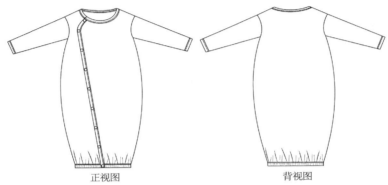

图5-56　睡袋款式图

睡袋结构如图5-57所示。

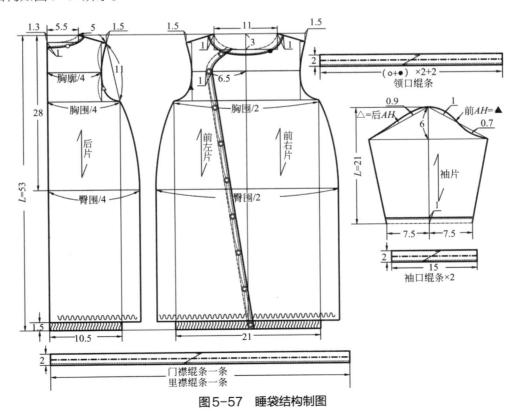

图5-57　睡袋结构制图

二、毯子

本款毯子是比较常见的款式。毯子适合在四季使用，可根据季节不同选择不同厚度的面料来进行制作，如图5-58所示。

1. 毯子款式说明

毯子的结构非常简单，是长方形的。毯子的包边需要整齐统一。

2. 面料、辅料的准备

制作一件毯子要先了解和购买毯子的面料、辅料，下面将详细介绍面料、辅料的选择以及常使用的面料、辅料购买的用量以及所使用辅料的数量，见表5-34。

图5-58 毯子效果图

表5-34 毯子面料、辅料的准备

常用面料		纯棉面料，吸湿性、保湿性、耐热性、耐碱性、卫生性都比较好，所以，此款毯子采用的是纯棉面料。毯子可根据季节的变换，选择不同厚度的面料来制作
常用辅料	线 	应选用色泽与面料颜色相近的缝纫线，同时兼具色牢度好、pH值安全及具有较好的防唾液腐蚀性和柔韧性等

3. 毯子结构制图

按照所需要的人体尺寸，先制作出一个毯子的规格尺寸表，见表5-35。

表5-35 毯子规格   单位：厘米

名称	长	宽
规格	91.5	76

毯子款式如图5-59所示。

图5-59 毯子款式图

毯子结构如图5-60所示。

图5-60　毯子结构制图

三、肚兜

本款肚兜是比较常见的款式。肚兜主要是在夏季使用，既能使宝宝在夏季凉快，又能使宝宝的肚子不着凉，如图5-61所示。

1. 肚兜款式说明

肚兜的结构特别简单，胸口处为直线，左右两边缝制绳带，用来系在脖子上；肚子两边分别缝制绳带，用来系在腰部，起到固定的作用；下摆处为圆弧形。

本款的结构重点是掌握整体的弧度。肚兜的整体弧度需要认真绘制，虽没有袖子、领子等，但是肚兜的弧度决定肚兜穿着是否舒适，所以，要根据尺寸表与结构图认真绘制。

2. 面料、辅料的准备

制作一件肚兜要先了解和购买肚兜的面料、辅料，下面将详细介绍面料、辅料的选择以及常使用的面料、辅料购买的用量以及所使用辅料的数量，如表5-36。

图5-61　肚兜效果图

表5-36 肚兜面料、辅料的准备

常用面料		纯棉面料，吸湿性、保湿性、耐热性、耐碱性、卫生性都比较好。肚兜直接贴近婴幼儿皮肤，所以，此款肚兜采用的是纯棉面料
常用辅料	线	应选用色泽与面料颜色相近的缝纫线，同时兼具色牢度好、pH值安全及具有较好的防唾液腐蚀性和柔韧性等

3. 肚兜结构制图

按照所需要的人体尺寸，先制作出一个规格尺寸表，这里将不同年龄段婴幼儿肚兜各部位规格作为参考尺寸举例说明，见表5-37。

表5-37 肚兜规格　　　　　　　　　　　　　　　　　　　　　　　　　　　　　　单位：厘米

名称 规格	衣长	胸围
新生儿	22	40
3个月	24	42
6个月	26	44
9个月	28	46
9～12个月	30	48

肚兜款式如图5-62所示。

肚兜结构如图5-63所示。

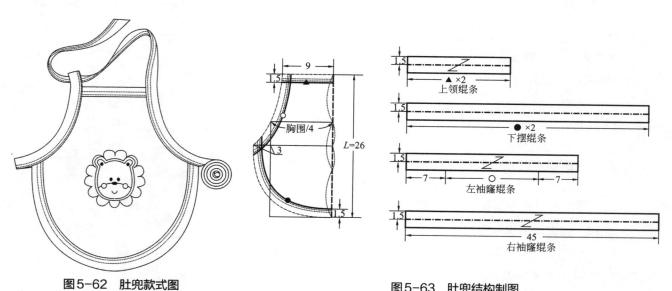

图5-62 肚兜款式图　　　　　　　　　　　图5-63 肚兜结构制图

四、围嘴

本款围嘴是比较常见的款式。围嘴主要是在宝宝吃饭、喝水的时候使用,是为了保持衣服干净,如图5-64所示。

1. 围嘴款式说明

围嘴的结构简单,领围处采用U型,根据宝宝的脖子而设计。领围不能太大,太大起不到作用,太小会使宝宝不舒服,所以要控制好领围的弧度。

本款的结构重点是掌握整体的弧度。围嘴的整体弧度需要认真绘制,围嘴的弧度决定着围嘴戴起来是否舒适,所以,要根据尺寸表与结构图认真绘制。

2. 面料、辅料的准备

制作一件围嘴要先了解和购买围嘴的面料、辅料,下面将详细介绍面料、辅料的选择以及常使用的面料、辅料购买的用量以及所使用辅料的数量,见表5-38。

图5-64　围嘴效果图

表5-38　围嘴面料、辅料的准备

常用面料	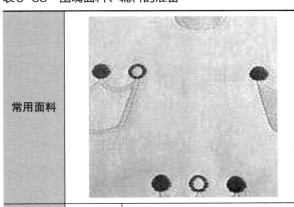	纯棉面料,吸湿性、保湿性、耐热性、耐碱性、卫生性都比较好,所以,此款围嘴采用的是纯棉面料
常用辅料	塑料按扣	塑料按扣比较方便,而且安全
	线	应选用色泽与面料颜色相近的缝纫线,同时兼具色牢度好、pH值安全及具有较好的防唾液腐蚀性和柔韧性等

3. 围嘴结构制图

按照所需要的人体尺寸,先制作出一个围嘴的规格尺寸表,见表5-39。

表5-39　围嘴规格　　　　　　　　　　　　　　　　　　　　　　　　　单位:厘米

名称	全长	长	宽
规格	30	19	20.5

围嘴款式如图5-65所示。
围嘴结构如图5-66所示。

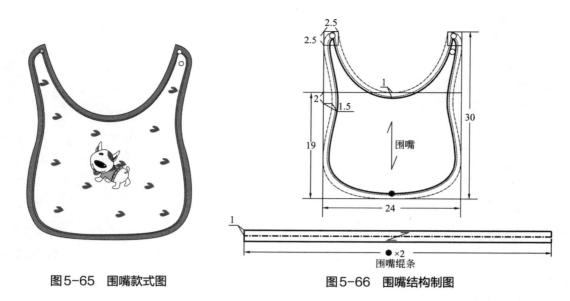

图5-65　围嘴款式图　　　　图5-66　围嘴结构制图

五、襁褓

本款襁褓是现在市场上最常用的款式。襁褓的款式简单，脚口处缝制起来，不仅使宝宝更加暖和，而且也方便家长给宝宝更换尿布，如图5-67所示。

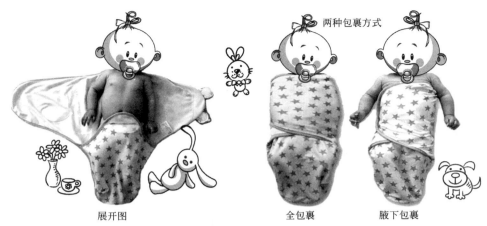

图5-67 襁褓效果图及使用方法

1. 襁褓款式说明

襁褓的整体造型为宽松版T型，模拟妈妈的子宫环境而设计，让宝宝拥有子宫里的包裹感与安全感。襁褓的整体结构比较难制作，因为要根据宝宝的具体身高与身体各部位的尺寸来决定，所以，襁褓的结构要严格按照尺寸表以及结构图绘制。

2. 面料、辅料的准备

制作一件襁褓要先了解和购买襁褓的面料、里料和辅料，下面将详细介绍面料、辅料的选择以及常使用的面料、辅料购买的用量以及所使用辅料的数量，见表5-40。

表5-40 襁褓面料、辅料的准备

常用面料		纯棉面料，吸湿性、保湿性、耐热性、耐碱性、卫生性都比较好。襁褓直接贴近婴幼儿皮肤，所以，此款襁褓采用的是纯棉面料。随着季节的变化，面料可以更换。此款襁褓的款式适合春夏秋冬四季，夏季选择棉布料中最薄的，春秋冬季选择较厚的
常用辅料	线	应选用色泽与面料颜色相近的缝纫线，同时兼具色牢度好、pH值安全及具有较好的防唾液腐蚀性和柔韧性等

3. 襁褓结构制图

按照所需要的人体尺寸，先制作出一个规格尺寸表，这里将不同年龄段婴幼儿襁褓各部位规格作为参考尺寸举例说明，见表5-41。

表5-41 襁褓规格　　　　　　　　　　　　　　　　　　　　　　　　　　　　　　　单位：厘米

规格＼名称	衣长	围度	中间直度	下摆直度
0～3个月	52～54	72～78	30～33	18～20
3～6个月	60～69	80～86	36～38	22～23

襁褓款式如图5-68所示。

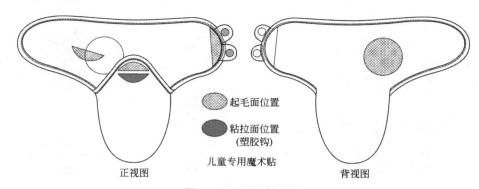

图5-68　襁褓款式图

襁褓结构如图5-69所示。

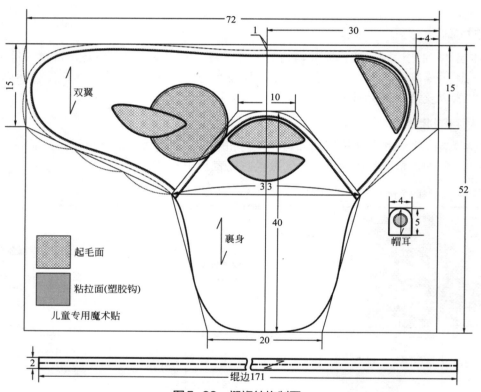

图5-69　襁褓结构制图

六、手套（男女通用）

本款手套是比较常见的款式，适合在四季穿戴，可根据季节不同选择不同厚度的纯棉面料来进行制作手套，如图5-70所示。

1. 手套款式说明

手套的结构非常简单，圆形结构，在腕口处用松紧带收口。但要注意整体结构与弧度的掌握。

2. 面料、辅料的准备

制作一副手套首先要先了解和购买手套的面料、辅料，下面

图5-70　手套效果图

将详细介绍面料、辅料的选择以及常使用的面料、辅料购买的用量以及所使用辅料的数量，见表5-42。

表5-42 手套面料、辅料的准备

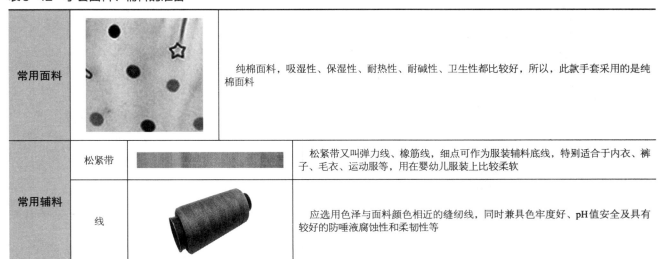

3. 手套结构制图

按照所需要的人体尺寸，先制作出一个手套规格尺寸表，见表5-43。

表5-43 手套规格　　　　　　　　　　　　　　　　　　　　　　　单位：厘米

名称	长	宽	手套口宽	手套口高
新生儿	11	9	7	2

手套款式如图5-71所示。
手套结构如图5-72所示。

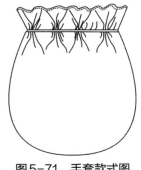

图5-71 手套款式图

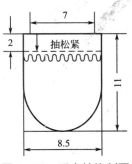

图5-72 手套结构制图

七、帽子（男女通用）

本款帽子是比较常见的款式，适合在春秋季节佩戴，如图5-73所示。

1. 帽子款式说明

帽子的结构简单，帽檐有翻折回去的一部分，使帽子更加宽松舒适。帽子的整体弧度需要认真绘制，帽子的弧度决定佩戴起来是否舒适，所以，要根据尺寸表与结构图认真绘制。

2. 面料、辅料的准备

制作一顶帽子要先了解和购买帽子的面料、辅料，下面将详细介绍面

图5-73 帽子效果图

料、辅料的选择以及常使用的面料、辅料购买的用量以及所使用辅料的数量，见表5-44。

表5-44 帽子面料、辅料的准备

常用面料	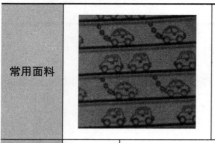	纯棉面料，吸湿性、保湿性、耐热性、耐碱性、卫生性都比较好，所以，此款帽子采用的是纯棉面料
常用辅料	线 	应选用色泽与面料颜色相近的缝纫线，同时兼具色牢度好、pH值安全及具有较好的防唾液腐蚀性和柔韧性等

3. 帽子结构制图

按照所需要的人体尺寸，先制作出一个规格尺寸表，这里将不同年龄段婴幼儿帽子各部位规格作为参考尺寸举例说明，见表5-45。

表5-45 帽子规格　　　　　　　　　　　　　　　　　　　　　　　　　　　单位：厘米

名称 规格	帽围	帽高	帽贴宽
早产儿	37	12	3
新生儿	39.5	12.5	3.5
3个月	40.5	13	3.8
6个月	42	13	3.8
9个月	43	13.5	3.8

帽子款式如图5-74所示。
帽子结构如图5-75所示。

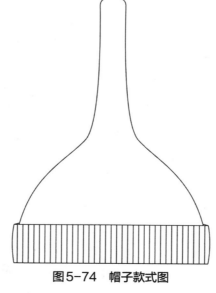

图5-74 帽子款式图

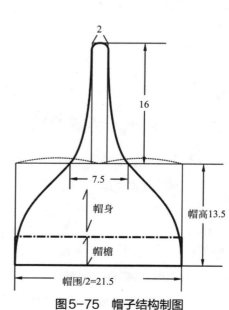

图5-75 帽子结构制图

第六章 女童装的裁剪纸样绘制

一针一线，融合了母亲对孩子无限的祝福。
一件件亲手缝制的衣服，汇聚着母亲对孩子的深情爱恋。

第一节　中大女童套装裁剪纸样绘制

一、春秋田园风中大女童套装（上衣+长裤）

田园风格的服装款式宽大舒松，采用天然的材质，为人们带来了悠闲浪漫的心理感受，具有一种悠然的美。纯棉质地、碎花图案、棉质花边等都是田园风格中最常见的元素，设计的灵感常常来自于自然风光、树木、花草、阳光等。

（一）面料、辅料的准备

制作春秋田园风中大女童套装要先了解和购买的面料、辅料，下面将详细介绍面料、辅料的选择以及常使用的面料、辅料购买的用量以及所使用辅料的数量，见表6-1。

表6-1　春秋田园风中大女童套装面料、辅料的准备

常用面料	 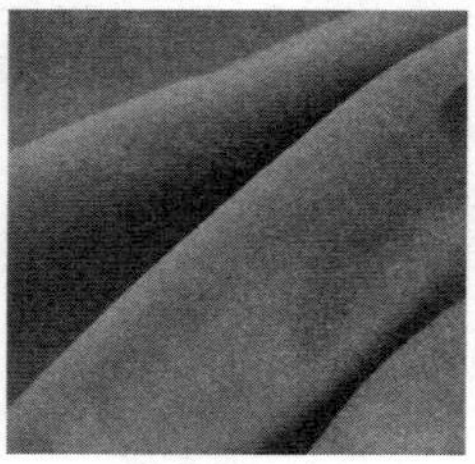	此套服装所用面料均为纯棉面料，具有柔软、刺激性小而且不掉色的特点，适合婴幼儿娇嫩的皮肤 此套服装的款式比较简单，随着季节的变化，可以更换面料。例如，春秋季节可以选择纯棉面料中较厚的面料，而夏季则可以选择纯棉面料中较薄的面料
常用辅料	五爪扣	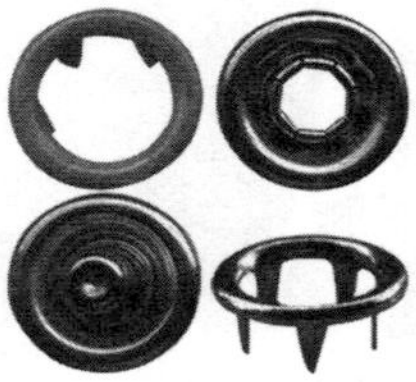 五爪纽电镀一般为无咐环保处理，所以多用在童装上
	松紧带	松紧带又叫弹力线、橡筋线，细点可作为服装辅料底线，特别适合于内衣、裤子、毛衣、运动服等，用在婴幼儿服装上比较柔软
	线	 应选用色泽与面料颜色相近的缝纫线，同时兼具色牢度好、pH值安全及具有较好的防唾液腐蚀性和柔韧性等

（二）春秋田园风中大女童套装上衣

1. 款式说明

本款上衣适合中大女童春夏秋穿着。上衣款式造型比较简单，采用一片袖，在前片胸部以上位置有分割线，分割线以下是抽碎褶，形成可爱的蓬蓬裙；在后片中间位置，自领口至分割线有刀背缝，并用纽扣固定，如图6-1所示。

图6-1 春秋田园风中大女童套装上衣效果图

（1）领口：领口为圆领，符合宝宝头大的特征。
（2）袖子：一片袖。
（3）分割线：胸部左右的分割线，把上衣分成了上下结构。
（4）扣子：在开襟处选用五爪扣。
（5）整体造型：整体造型为A型。

春秋田园风中大女童套装上衣款式如图6-2所示。

正视图　　　　　　　　背视图

图6-2 春秋田园风中大女童套装上衣款式图

本款裙子的结构重点是抽碎褶处理、袖子与衣身的连接缝制、刀背缝的处理。在本款上衣中，比较难处理的是抽碎褶，抽褶要细、要碎，要体现出蓬蓬的感觉；袖子与衣身的连接上要分清楚左右袖；刀背缝开得不宜过长，控制好长度。

2. 春秋田园风中大女童套装上衣结构制图

按照所需要的人体尺寸，先制作出一个规格尺寸表，这里将不同年龄段春秋田园风中大女童套装上衣各部位规格作为参考尺寸举例说明，见表6-2。

表6-2 春秋田园风中大女童套装上衣成衣规格　　　　　　　　　　　　　　　　　单位：厘米

名称\规格	衣长	胸围	侧肩宽	袖窿深	下摆大	袖长	袖口宽
2岁	38	58.5	6.5	14.5	96	31	7.5
3岁	39.5	61	7	15	100	32	8
4岁	40.5	63.5	7.5	15.5	104	33	8.5
5岁	44	67.5	8	16	108	34	9
6岁	45.5	70	8.5	16.5	112	35	9.5
6岁以上	46	72.5	9	17	116	36	18

春秋田园风中大女童套装上衣结构如图6-3所示。

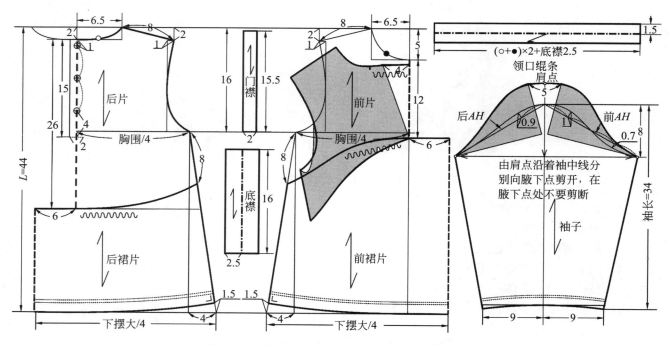

图6-3 春秋田园风中大女童套装上衣结构制图

（三）春秋田园风中大女童套装长裤

本款长裤适合中大女童四季穿着。款式造型比较简单，腰部用松紧带固定，如图6-4所示。

1. 款式说明

（1）腰口：松紧带腰口。

（2）裤口：稍微收口的设计。

（3）档口：档口较深，这样的设计宝宝穿着比较舒服。

春秋田园风中大女童套装长裤款式如图6-5所示。在本款长裤中，比较难处理的是腰口松紧带的缝制，要缝制得均匀细致。

图6-4 春秋田园风中大女童套装长裤效果图

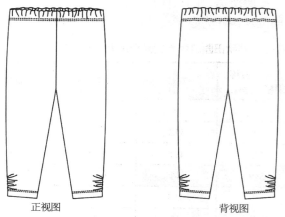

正视图　　　　背视图

图6-5 春秋田园风中大女童套装长裤款式图

2. 春秋田园风中大女童套装长裤结构制图

按照所需要的人体尺寸，先制作出一个规格尺寸表，这里将不同年龄段春秋田园风中大女童长裤各部位规格作为参考尺寸举例说明，见表6-3。

表6-3 春秋田园风中大女童套装长裤成衣规格   单位：厘米

规格\名称	裤长	腰围（直度）	腰围（拉度）	臀围	前浪	后浪	裤脚宽
2岁	54	21.5	56	56	21	23.5	9.5
3岁	58.5	22	58.5	58.5	22	25	10
4岁	60	23	63.5	63.5	23.5	26	10.5
5岁	68.5	23.5	66	66	25	27	11
6岁	74.5	24	68.5	68.5	26	28	11.5

春秋田园风中大女童套装长裤结构如图6-6所示。

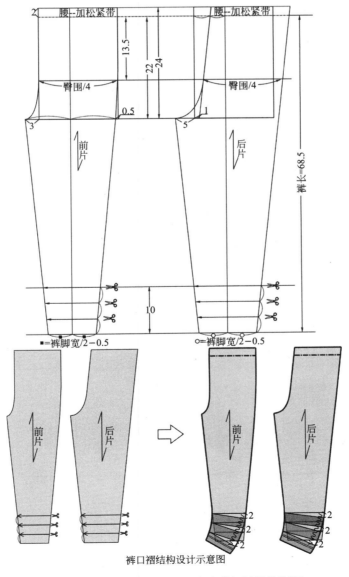

裤口褶结构设计示意图

图6-6 春秋田园风中大女童套装长裤结构制图

二、都市时尚风中大女童套装（上衣+裙裤）

现代都市中，孩子们的服装容易受流行色、时尚和明星们的影响。成人的流行风格在童装中也能看到，如受牛仔装、田园装和军风等服装的影响，很多童装也朝着时尚休闲设计方向，形成了酷酷与精致相融合的都市时尚风格的儿童服装式样。

本款上衣适合春夏秋穿着。款式造型比较简单，一片袖，长度为中袖，喇叭形的设计与荷叶边的下摆形成呼应，在前片下摆位置有分割线，分割线以下进行抽碎褶的处理，形成可爱的蓬蓬裙，如图6-7所示。

图6-7　都市时尚风中大女童套装上衣效果图

（一）面料、辅料的准备

制作都市时尚风中大女童套装要先了解和购买上衣的面料、辅料，下面将详细介绍面料、辅料的选择以及常使用的面料、辅料购买的用量以及所使用辅料的数量，见表6-4。

表6-4　都市时尚风中大女童套装面料、辅料的准备

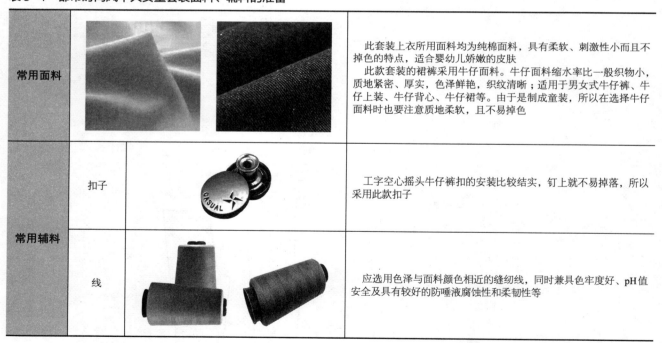

常用面料		此套装上衣所用面料均为纯棉面料，具有柔软、刺激性小而且不掉色的特点，适合婴幼儿娇嫩的皮肤 此款套装的裙裤采用牛仔面料。牛仔面料缩水率比一般织物小，质地紧密、厚实，色泽鲜艳，织纹清晰；适用于男女式牛仔裤、牛仔上装、牛仔背心、牛仔裙等。由于是制成童装，所以在选择牛仔面料时也要注意质地柔软，且不易掉色
常用辅料	扣子	工字空心摇头牛仔裤扣的安装比较结实，钉上就不易掉落，所以采用此款扣子
	线	应选用色泽与面料颜色相近的缝纫线，同时兼具色牢度好、pH值安全及具有较好的防唾液腐蚀性和柔韧性等

（二）都市时尚风中大女童套装上衣

1. 款式说明

（1）领口：领口为圆领，方便穿脱，不拘束孩子的活动。

（2）袖子：一片袖，长度为中袖，喇叭形的设计使服装更加可爱。

（3）分割线：下摆位置有分割线，把上衣分成了上下结构，分割线以下进行抽碎褶处理，形成了可爱的蓬蓬裙。

（4）整体造型：整体造型为A型。

都市时尚风中大女童套装上衣款式如图6-8所示。在本款上衣中，喇叭形袖的处理与下摆分割线以下抽碎褶的处理，是比较难的部分，在抽碎褶时要注意整体造型的把握，不能使整体造型因抽褶发生改变。

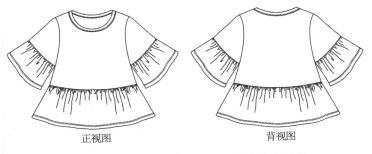

图6-8　都市时尚风中大女童套装上衣款式图

2. 都市时尚风中大女童套装上衣结构制图

按照所需要的人体尺寸，先制作出一个规格尺寸表，这里将不同年龄段都市时尚风中大女童套装上衣各部位规格作为参考尺寸举例说明，见表6-5。

表6-5　都市时尚风中大女童上衣成衣规格　　　　　　　　　　　　　　　　　　　　　　　　　单位：厘米

规格＼名称	衣长	胸围	袖长	袖窿深	肩宽	领宽
2岁	34	64	29	15	27	11
3岁	38	66	30.5	15.5	28	12
4岁	42	68	31.5	16.5	29	13
5岁	46	70	33	17.5	30	14
6岁	50	72	34.5	18.5	31	15

都市时尚风中大女童套装上衣结构如图6-9所示。

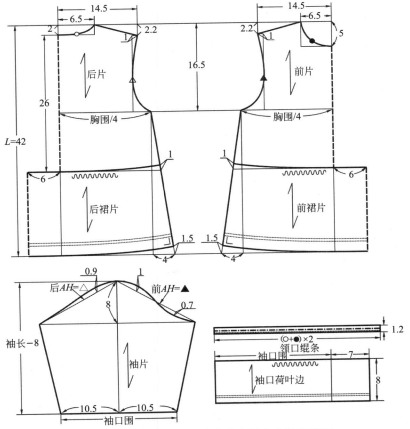

图6-9　都市时尚风中大女童套装上衣结构制图

（三）都市时尚风中大女童套装裙裤

本款裙裤适合春夏秋穿着。裙裤造型简单，但不失设计，裤口处较宽，不仅使外观漂亮，而且使宝宝穿着起来比较舒适，不会勒到腿部，如图6-10所示。

图6-10　都市时尚风中大女童套装裙裤效果图

1. 款式说明

（1）腰部：腰部可系腰带。

（2）口袋：前裤片为前插袋，后裤片为后贴袋。

（3）门襟：门襟为假门襟。

（4）裆部：裆口可做两用裆。

（5）整体造型：整体造型为A型。

都市时尚风女中大童套装裙裤款式如图6-11所示。在本款裙裤中，重点为腰头的安装，在制作时要多加注意；插袋的难度比较大，必须按照所绘制的结构图来进行，才能保证插袋的准确无误。

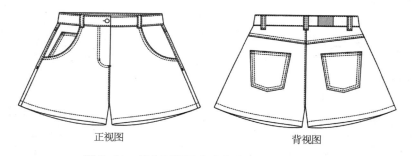

正视图　　　　　　　背视图

图6-11　都市时尚风中大女童套装裙裤款式图

2. 都市时尚风中大女童套装裙裤结构制图

按照所需要的人体尺寸，先制作出一个规格尺寸表，这里将不同年龄段都市时尚风中大女童套装裙裤各部位规格作为参考尺寸举例说明，见表6-6。

表6-6　都市时尚风中大女童套装裙裤成衣规格　　　　　　　　　　　　　　　　　单位：厘米

名称\身高	裤长	腰围	臀围	上裆	腰头宽
98	24	54	64	19	2
104	27	56	70	20	2
110	30	58	76	21	2
116	33	60	82	22	2
122	36	62	88	23	2

都市时尚风中大女童套装裙裤结构如图6-12所示。

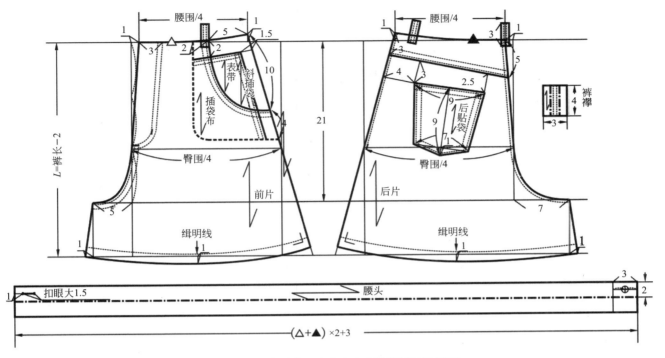

图6-12 都市时尚风中大女童套装裙裤结构制图

三、前卫帅酷风女大童套装（衬衣+牛仔半身裙）

前卫帅酷风童装融合了现代各种前卫艺术风格、立体主义艺术风格和后现代解构主义风格，构成了现代超前意识的儿童服饰设计。采用电脑印刷，涂染各种图案、字母、徽章等，尽情表现前卫帅酷的艺术思想，形成酷劲十足和富有前卫感的户外装。

本套装的上衣适合春夏秋穿着。衬衫造型比较简单，一片袖，且为长袖，采用纯棉条纹面料，体现出一丝小大人的风格，如图6-13所示。

图6-13 前卫帅酷风女大童套装衬衣效果图

（一）面料、辅料的准备

制作前卫帅酷风女大童套装要先了解和购买套装的面料、辅料，下面将详细介绍面料、辅料的选择以及常使用的面料、辅料购买的用量以及所使用辅料的数量，见表6-7。

表6-7 前卫帅酷风女大童套装面料、辅料的准备

常用面料		此套装的上衣所用面料为纯棉面料，具有柔软、刺激性小而且不掉色的特点，吸湿性、保湿性、耐热性、耐碱性比较好 裙子采用牛仔面料，应选择质地柔软，且不易掉色的
常用辅料	扣子	采用塑料扣，主要目的是将扣子缝死在服装上，因为扣子的掉落可能会对儿童造成危险，所以，采用这种可以缝在服装上的塑料扣子比较安全
	徽章	徽章起到了装饰作用，卡通徽章缝制在服装上，使服装具有童趣；看起来更可爱
	松紧带	松紧带又叫弹力线、橡筋线，细点可作为服装辅料底线，特别适合于内衣、裤子、毛衣、运动服等，用在婴幼儿服装上比较柔软
	线	应选用色泽与面料颜色相近的缝纫线，同时兼具色牢度好、pH值安全及具有较好的防唾液腐蚀性和柔韧性等

（二）前卫帅酷风女大童套装衬衣

1. 款式说明

（1）领型：普通的翻立领。

（2）袖子：一片袖，袖口加装克夫，右袖子上贴有卡通布贴作为装饰。

（3）开门：前开门装有5粒扣。

（4）装饰：左侧明门襟加装贴袋，贴袋上方有卡通补贴装饰，背面有卡通字母布贴作为装饰。

（5）整体造型：整体造型为H型。

前卫帅酷风女大童套装衬衣款式如图6-14所示。

在本款衬衣中，重点为翻立领的制作与安装，因为翻立领的结构及工艺都比较复杂，所以，在制作时要多加注意；袖子与衣身连接的过程中，要分清楚左右袖，在制作时就标清楚，以防出错。

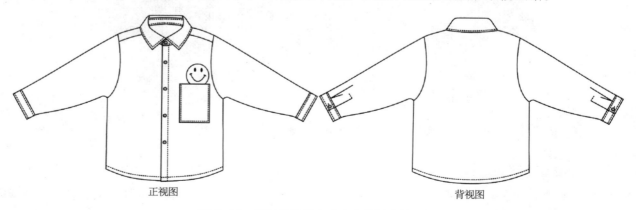

正视图　　　　　　　　　　　　　背视图

图6-14 前卫帅酷风女大童套装衬衣款式图

2. 前卫帅酷风女大童套装衬衣结构制图

按照所需要的人体尺寸，先制作出一个规格尺寸表，这里将不同年龄段前卫帅酷风女大童套装衬衣各部位规格作为参考尺寸举例说明，见表6-8。

表6-8 前卫帅酷风女大童套装衬衣成衣规格　　　　　　　　　　　　　　　　　　　　　　　单位：厘米

名称规格	衣长	胸围	袖长	肩宽	领宽	袖口长	袖头宽
2岁	37	60	34	27	10	15.5	3
3岁	40	64	36	28	11	15	3
4岁	43	68	38	29	12	15.5	3
5岁	46	72	40	30	13	16	3
6岁	49	76	42	31	14	16.5	3

前卫帅酷风女大童套装衬衣结构如图6-15所示。

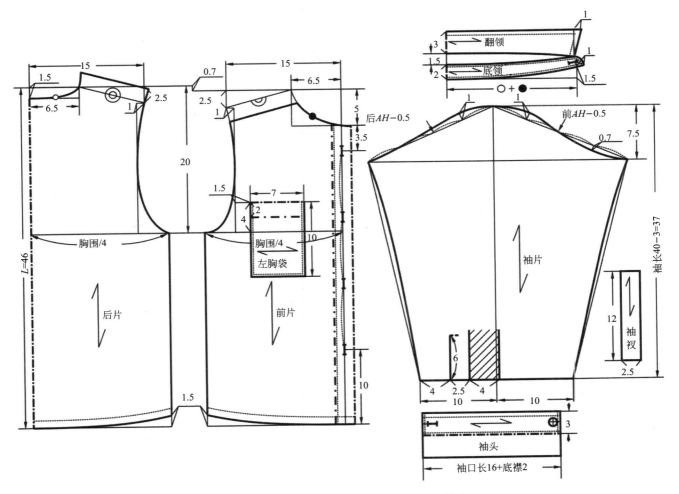

图6-15 前卫帅酷风女大童套装衬衣结构制图

（三）前卫帅酷风女大童套装牛仔半身裙

本款牛仔半身裙适合夏季穿着。半身裙款式造型比较简单，下摆荷叶边的设计是此款半身裙最大的特点，如图6-16所示。

图6-16 前卫帅酷风女大童套装牛仔半身裙效果图

1. 款式说明

（1）腰口：腰头装有松紧带，方便穿脱。

（2）口袋：半身裙左右两边有两个贴袋，以明线缝制。

（3）开门：假前开门，装有3粒扣。

（4）下摆：下摆荷叶边的设计与裙子上半部分包臀的设计形成对比，荷叶边是此款半身裙最大的亮点。

（5）整体造型：整体造型为A型。

前卫帅酷风女大童套装牛仔半身裙款式如图6-17所示。在本款半身裙中，重点是下摆荷叶边的设计，要控制好荷叶边的间距，应均匀分开；半身裙的弧度比较难控制，不宜太紧或太松。

正视图　　　　　　　　　　背视图

图6-17 前卫帅酷风女大童套装牛仔半身裙款式图

2. 前卫帅酷风女大童套装牛仔半身裙结构制图

按照所需要的人体尺寸，先制作出一个规格尺寸表，这里将不同年龄段女大童半身裙各部位规格作为参考尺寸举例说明，见表6-9。

表6-9 前卫帅酷风女大童套装牛仔半身裙成衣规格　　　　　　　　　　单位：厘米

名称＼身高	裙长	腰围	臀围	腰头宽
2岁	22	46	68	3.5
3岁	26	50	70	3.5
4岁	30	54	72	3.5
5岁	34	58	74	3.5
6岁	38	62	76	3.5

前卫帅酷风女大童套装牛仔半身裙结构如图6-18所示。

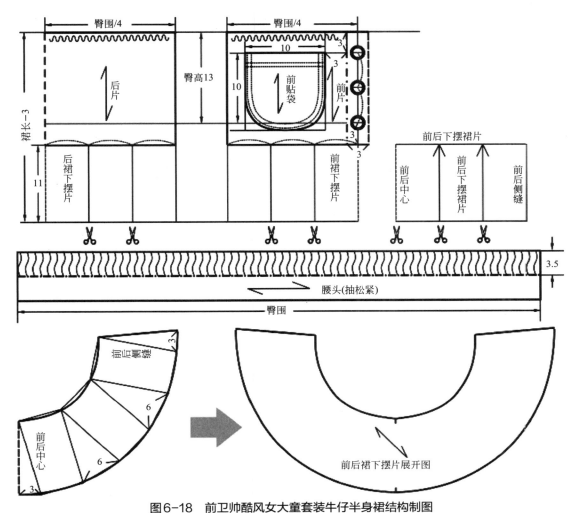

图6-18　前卫帅酷风女大童套装牛仔半身裙结构制图

第二节　中大女童连衣裙裁剪纸样绘制

一、中大女童碎花连衣裙

此款长袖连衣裙适合7～12岁的女童夏季穿着。采用纯棉碎花面料，整体风格是田园风格，比较适合中大女童穿着，具有可爱中不失轻松的感觉，如图6-19所示。

1. 款式说明

（1）领口：此款中大女童裙子的领口为圆领，简单又方便。
（2）袖子：长袖，一片袖。
（3）腰部：裙子的腰部为整体造型，采用了收腰的手法，使裙子穿着起来更加舒适利索，显得女孩更加漂亮。
（4）整体造型：整体造型为H型。

在本款裙子中，比较难制作的是腰部的收腰，要注意收量，收量不可太多，否则裙子穿起来会不舒服。

图6-19 中大女童碎花连衣裙效果图

2. 面料、辅料的准备

制作一条连裙子要先了解和购买裙子的面料、辅料，下面将详细介绍面料、辅料的选择以及常使用的面料、辅料购买的用量以及所使用辅料的数量，见表6-10。

表6-10 中大女童碎花连衣裙面料、辅料的准备

常用面料		此款连衣裙采用印花图案的纯棉面料，具有柔软、刺激性小而且不掉色的特点，适合儿童娇嫩的皮肤 此款连衣裙的款式比较简单，所以随着季节的变化，可以更换面料。例如，春秋季节可以选择纯棉面料中较厚的，而夏季就可以选择纯棉面料中较薄的
常用辅料	四合扣	为避免婴幼儿舔食，应选用天然、无毒、染色且色牢度好的。此款连衣裙采用四合扣，是为了保护婴幼儿的安全与健康
	线	应选用色泽与面料颜色相近的缝纫线，同时兼具色牢度好、pH值安全及具有较好的防唾液腐蚀性和柔韧性等

3. 中大女童碎花连衣裙结构制图

按照所需要的人体尺寸，先制作出一个规格尺寸表，这里将不同年龄段中大女童碎花连衣裙各部位规格作为参考尺寸举例说明，见表6-11。

表6-11 中大女童碎花连衣裙成衣规格　　　　　　　　　　　　　　　　　　　　　单位：厘米

规格\名称	裙长	胸围	背长	袖窿斜度	侧肩宽	领宽	袖长	袖口宽	下摆
2岁	56	62	24	15.5	6.9	10	31	7.5	118
3岁	58.5	64	25.5	16	7.2	11	32	8	120
4岁	61	66	27	16	7.5	12.5	33	8.5	122
5岁	63.5	68	28.5	16.5	7.8	13	34	8.5	124
6岁	66	70	30	17	8.1	14	35	9	126

中大女童碎花连衣裙款式如图6-20所示。

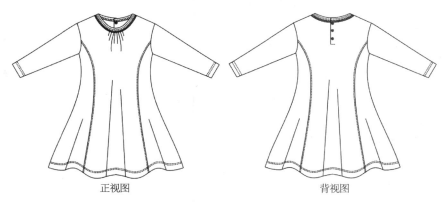

图6-20　中大女童碎花连衣裙款式图

中大女童碎花连衣裙结构如图6-21所示。

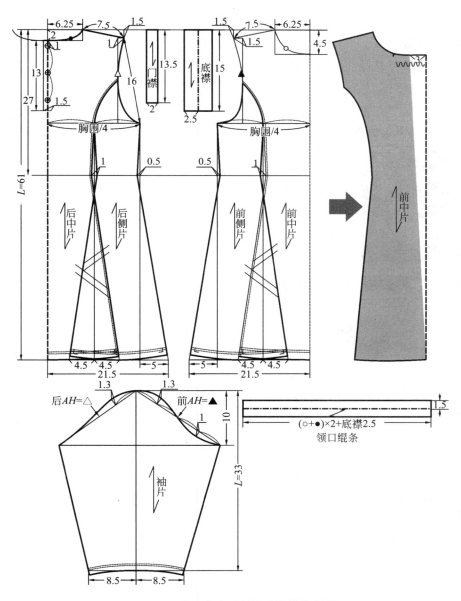

图6-21　中大女童碎花连衣裙结构制图

二、中大女童秋冬马甲连衣裙

此款无袖连衣裙适合秋冬季节穿着。采用呢子面料，整体风格有点小大人的感觉，穿着起来大方而漂亮，如图6-22所示。

1. 款式说明

（1）领口：此款中大女童马甲连衣裙的领口为圆领，简单又方便。

（2）袖子：简单的无袖设计。

（3）分割线：裙子的前片在腰部有横向的分割线，把裙子分成上下两部分；裙子后片的上半部分有后中缝，并装有隐形拉链。

（4）装饰：在腰部分割线下有两个作为装饰的假口袋；胸前有玩偶熊作为装饰。

（5）整体造型：整体造型为A型。

在本款裙子中，比较难制作的是袖子的弧度，两个袖子的弧度要一致；隐形拉链要使用压脚安装，才能保证拉链安装得平整漂亮。

图6-22 中大女童秋冬马甲连衣裙效果图

2. 面料、辅料的准备

制作一条中大女童秋冬马甲连要先了解和购买裙子的面料、辅料，下面将详细介绍面料、辅料的选择以及常使用的面料、辅料购买的用量以及所使用辅料的数量，见表6-12。

表6-12 中大女童秋冬马甲连衣裙面料、辅料的准备

常用面料		格纹呢子面料，柔软光洁，有光滑油润的感觉，适合给儿童做服装。面料必须选择触感柔软光滑的，而且，呢子面料穿着不易起皱，还能保持平整
常用辅料	拉链	此款连衣裙用到的辅料是隐形拉链，比较安全
	线	应选用色泽与面料颜色相近的缝纫线，同时兼具色牢度好、pH值安全及具有较好的防唾液腐蚀性和柔韧性等

3. 中大女童秋冬马甲连衣裙结构制图

按照所需要的人体尺寸，先制作出一个规格尺寸表，这里将不同年龄段中大女童秋冬马甲连衣裙各部位规格作为参考尺寸举例说明，见表6-13。

表6-13 中大女童秋冬马甲连衣裙成衣规格　　　　　　　　　　　　　　　单位：厘米

规格＼名称	裙长	胸围	臀围	袖窿深	背长	肩宽	领宽
7岁	63	76	80	21	29	27	16
8岁	65	80	84	21	30	28	17
9岁	67	84	88	22	31	29	18
10岁	69	88	92	22	32	30	19

中大女童秋冬马甲连衣裙款式如图6-23所示。

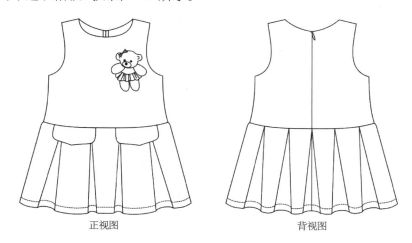

图6-23　中大女童秋冬马甲连衣裙款式图

中大女童秋冬马甲连衣裙结构如图6-24所示。

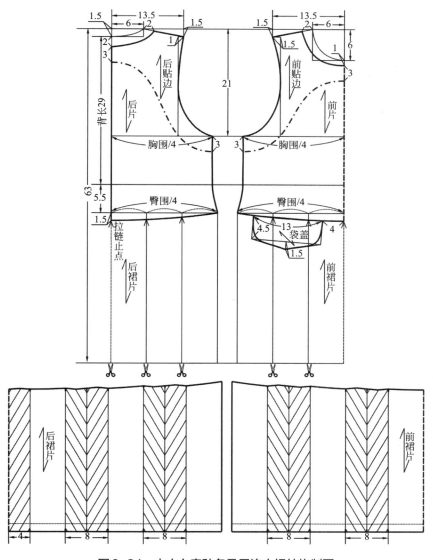

图6-24　中大女童秋冬马甲连衣裙结构制图

三、中大女童无袖牛仔连衣裙

此款无袖牛仔连衣裙适合2～7岁的女孩夏季穿着。采用薄牛仔面料,整体风格简单可爱,胸前的抽碎褶处理,营造出了一种可爱公主范儿的感觉,如图6-25所示。

1. 款式说明

(1)领口:此款中大女童无袖牛仔连衣裙的领口为圆领,简单又方便。

(2)袖子:简单的无袖设计。

(3)分割线:裙子的前片在胸部有荷叶边装饰,把裙子分成上下结构;裙子后片的上半部分,有后中缝,装有两粒扣子。

(4)装饰:胸部的荷叶边装饰。

(5)整体造型:整体造型为A型。

在本款裙子中,重点是裙子上半部分单独缝制上去的一片,周围装饰有荷叶边,这一部分比较复杂。

2. 面料、辅料的准备

制作一条中大女童无袖牛仔连衣裙要先了解和购买裙子的面料、辅料,下面将详细介绍面料、辅料的选择以及常使用的面料、辅料购买的用量以及所使用辅料的数量,见表6-14。

图6-25 中大女童无袖牛仔连衣裙效果图

表6-14 中大女童无袖牛仔连衣裙面料、辅料的准备

常用面料		牛仔面料,缩水率比一般织物小,质地紧密、厚实、色泽鲜艳,织纹清晰,适用于男女式牛仔裤、牛仔上装、牛仔背心、牛仔裙等。由于是制成童装,所以牛仔面料应选择质地柔软、不易掉色的
常用辅料	塑料扣子	采用塑料扣的主要目的是可以将扣子缝死在服装上,因为扣子的掉落可能会对儿童造成危险
	线	应选用色泽与面料颜色相近的缝纫线,同时兼具色牢度好、pH值安全及具有较好的防唾液腐蚀性和柔韧性等

3. 中大女童无袖牛仔连衣裙结构制图

按照所需要的人体尺寸,先制作出一个规格尺寸表,这里将不同年龄段中大女童无袖牛仔连衣裙各部位规格作为参考尺寸举例说明,见表6-15。

表6-15 中大女童无袖牛仔连衣裙成衣规格 单位:厘米

名称 身高	裙长	胸围	袖窿深	肩宽	领宽	下摆
90	54	60	14	25	15	86
100	57	64	15	26	16	90
110	60	68	16	27	17	94
120	63	72	17	28	18	98

中大女童无袖牛仔连衣裙款式如图6-26所示。

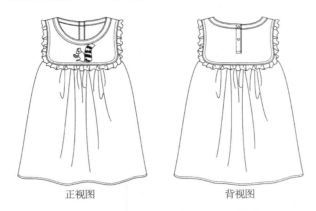

图6-26　中大女童无袖牛仔连衣裙款式图

中大女童无袖牛仔连衣裙结构如图6-27所示。

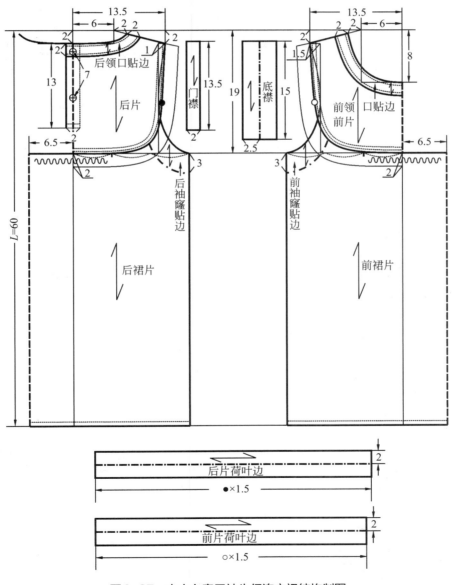

图6-27　中大女童无袖牛仔连衣裙结构制图

第三节　女童马甲、棉夹克、棉服裁剪纸样绘制

一、女童马甲

此款马甲适合春秋冬三季穿着，实现了一件马甲三季穿着的功能。羽绒棉内胆，使服装更加保暖轻盈。马甲的前片有卡通图案，使服装充满童趣，更加可爱。如图6-28所示。

1. 款式说明

（1）纽扣：在马甲的前片，有5粒扣子。

（2）领口：领口为圆形。

（3）下摆：下摆接近于直线。

（4）装饰：前片接近下摆部分有卡通图案作为装饰。

图6-28　女童马甲效果图

本款马甲整体结构比较简单，在领边与袖边缝制的过程中要注意整齐统一。包边是为了使领型与袖型不变形。

2. 面料、辅料的准备

制作一件马甲要先了解和购买马甲的面料、辅料，下面将详细介绍面料、辅料的选择以及常使用的面料、辅料购买的用量以及所使用的辅料数量，见表6-16。

表6-16　女童马甲面料、辅料的准备

常用面料		聚酯纤维面料，具有防水、保形等优点，为高密度面料，轻盈柔软、不起绒。马甲里面为羽绒棉内胆，实现了舒适、保暖、轻薄等目的
常用辅料	四合扣 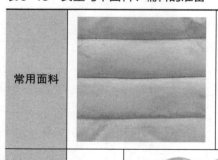	为避免婴幼儿舔食，应选用天然、无毒、染色且色牢度强的，此款服装采用四合扣，是为了保护婴幼儿的安全与健康
	线	应选用色泽与面料颜色相近的缝纫线，同时兼具色牢度好、pH值安全及具有较好的防唾液腐蚀性和柔韧性等

3. 女童马甲结构制图

按照所需要的人体尺寸，先制作出一个规格尺寸表，这里将不同年龄段女童马甲各部位规格作为参考尺寸举例说明，见表6-17。

表6-17 女童马甲成衣规格　　　　　　　　　　　　　　　　　　　　　　　　　　　　　单位：厘米

名称 型号	衣长	胸围	袖窿深	肩宽	领宽
100	39	66	18	27	11
110	41	70	19	28	12
120	43	74	20	30	13
130	45	78	21	32	14
140	47	82	22	33	15

女童马甲款式如图6-29所示。

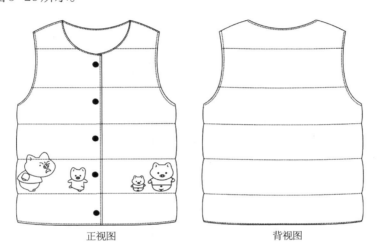

图6-29　女童马甲款式图

女童马甲结构如图6-30所示。

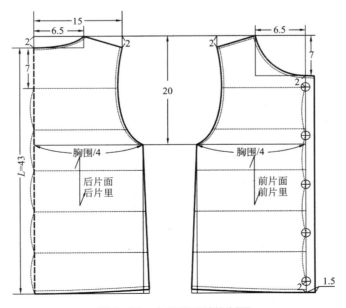

图6-30　女童马甲结构制图

二、女童棉夹克

本款女童棉夹克宽松，风格充满童趣，版型简单舒适，背面的卡通图案突出了孩子天真烂漫的性格，如图6-31所示。

图6-31 女童棉夹克效果图

1. 款式说明

本款女童棉夹克款式较宽松，在袖型上选用了一片袖的形式，使其肩部在大臂运动时最为舒适，最大限度地保证了女童在运动时穿着的舒适度，为良好的运动体验提供支持。同时，在领口、袖口和下摆处都选用了纯棉针织罗纹面料，防风的同时也能保证活动状态下服装的贴合性。

（1）领口：衣身三片结构，前身为左右对称结构，后身一片结构。

（2）口袋：前身腰线以上为两个斜插袋。

（3）门襟：拉链缝制在门襟里面，位于前中心门襟外面有两粒扣子固定。

袖子与衣身连接时注意区分左右袖，在缝制袖子时就把左右袖子区分开来；斜插袋的缝制比较困难，不仅要注意口袋的一致性，更要注意美观。

2. 面料、里料、辅料的准备

制作一件棉夹克要先了解和购买夹克的面料、里料、辅料，下面将详细介绍面料、里料、辅料的选择以及常使用的面料、里料、辅料购买的用量以及所使用辅料的数量，见表6-18。

表6-18 女童棉夹克面料、里料、辅料的准备

		说明
常用面料、里料		在面料的选择上，可选择97%的聚酯纤维和3%的氨纶混纺的面料，保证衣身挺括的同时兼顾弹性。面料幅宽：144厘米、150厘米或165厘米 童装夹克里料的长度一般比面料要短些，由于人体动态因素，所以里料需要有一定的弹性，里料颜色应与面料色彩保持一致。里料幅宽：144厘米、150厘米或165厘米
常用辅料	罗纹	领口、袖口和下摆选用98%的聚酯纤维和2%的氨纶混纺的无缝针织罗纹布

常用辅料	拉链		拉链位于前门襟开口处，根据童装特点一般选用金属或树脂拉链，同时要保证拉链牢固、稳定
	四合扣		纽扣应选用天然、无毒、染色且色牢度强的，比款服装采用四合扣，是为了保护婴幼儿的安全与健康
	线		应选用色泽与面料颜色相近的缝纫线，同时兼具色牢度好、pH值安全及具有较好的防唾液腐蚀性和柔韧性等

3. 女童棉夹克结构制图

按照所需要的人体尺寸，先制作出一个规格尺寸表，这里将不同年龄段女童棉夹克各部位规格作为参考尺寸举例说明，见表6-19。

表6-19 女童棉夹克成衣规格　　　　　　　　　　　　　　　　　　　　　　　　单位：厘米

规格＼名称	衣长	胸围	袖窿深	肩宽	领宽	袖长
12个月	34	59	14.5	26.5	10	25
18个月	36	62	15.5	28	11	27
24个月	39	65	16.5	29.5	12	29
2岁	40	68	17.5	27	13	31
3岁	43	71	18.5	32.5	14	33
4岁	45	74	20.5	35.5	15	35

女童棉夹克款式如图6-32所示。

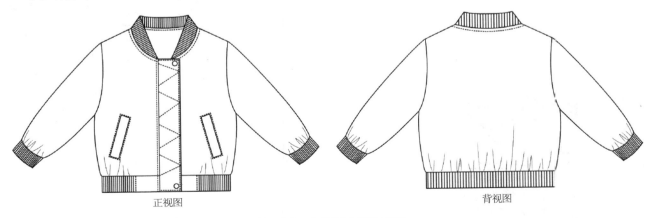

正视图　　　　　　　　　　　　　背视图

图6-32　女童棉夹克款式图

女童棉夹克结构如图6-33所示。

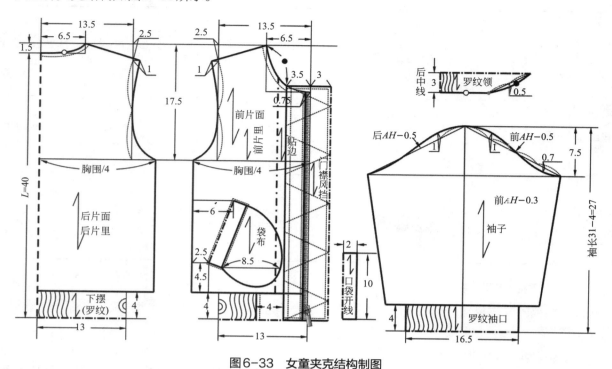

图6-33　女童夹克结构制图

三、女童背带裤

此款背带裤适合4～13岁的女童四季穿着。背带牛仔裤四季都可以搭配不同的上衣来穿，此款背带牛仔裤是比较常见的款式，如图6-34所示。

1. 款式说明

（1）纽扣：在裤子的前片，纽扣连接背带与裤子。
（2）裤口：裤口略收口。
（3）装饰：前片正中间胸前安有拉链直至档口；前片左右裤腰头下装饰有斜插袋；后片左右两边各有一个贴袋。

2. 面料、辅料的准备

制作一件女童背带裤要先了解和购买背带裤的面料、辅料，下面将详细介绍面料、辅料的选择以及常使用的面料、辅料购买的用量以及所使用的辅料数量，见表6-20。

图6-34　女童背带裤效果图

表6-20　女童背带裤面料、辅料的准备

常用面料		牛仔面料，缩水率比一般织物小，质地紧密、厚实，色泽鲜艳，织纹清晰，适用于男女式牛仔裤、牛仔上装、牛仔背心、牛仔裙等。由于是制成童装，所以牛仔面料应选择质地柔软、不易掉色的

续表

常用辅料	扣子		采用塑料扣的主要目的是可以将扣子缝死在服装上，因为扣子的掉落可能会对儿童造成危险
	拉链		拉链位于前门襟开口处，根据童装特点一般选用金属或树脂拉链，同时要保证拉链牢固、稳定
	线		应选用色泽与面料颜色相近的缝纫线，同时兼具色牢度好、pH值安全及具有较好的防唾液腐蚀性和柔韧性等

3. 女童背带裤结构制图

按照所需要的人体尺寸，先制作出一个规格尺寸表，这里将不同年龄段女童背带裤各部位规格作为参考尺寸举例说明，见表6-21。

表6-21 女童背带裤成衣规格　　　　　　　　　　　　　　　　　　　　　　　　　　单位：厘米

型号＼名称	总长	腰围	臀围	裤脚宽
100	80	63	64	15.5
110	83	66	68	16.5
120	86	69	72	17.5
130	89	72	76	13
140	92	75	80	19.5
150	95	78	84	20.5
155	98	81	88	21.5

女童背带裤款式如图6-35所示。

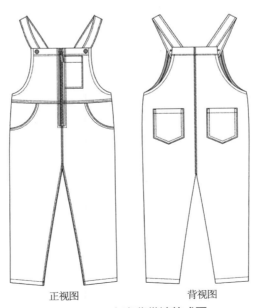

正视图　　　　背视图

图6-35　女童背带裤款式图

女童背带裤结构如图6-36所示。

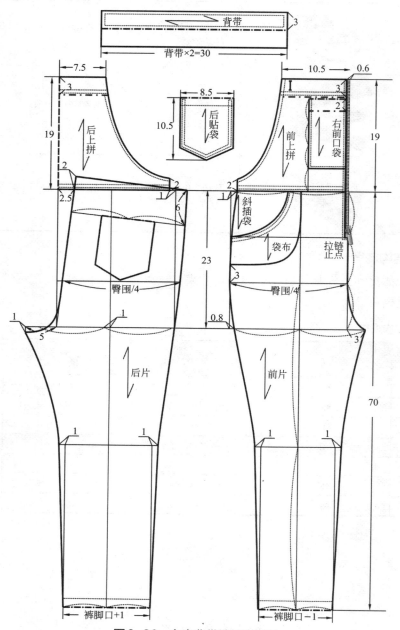

图6-36 女童背带裤结构制图

四、女童长款棉服

本款女童长款棉服宽松，版型简单，穿着舒适，如图6-37所示。

1. 款式说明

本款女童长款棉服款式较宽松，在袖型上选用了一片袖的形式，使其肩部在大臂运动时最为舒适，最大限度地保证了女童在运动时穿着的舒适度，为良好的运动体验提供支持。同时，在袖口选用了纯棉针织罗纹面料，防风的同时也能保证活动状态下服装的贴合性。

（1）帽子：为了保暖，缝制了帽子，与衣身连接在一起。

（2）口袋：前片腰部左右位置分别有一个挖袋。

(3)拉链：拉链位于前中心。
(4)袖子：一片袖。
(5)整体造型：整体造型为宽松版H型，创意小开衩下摆。

袖子与衣身连接时注意区分左右袖，在缝制袖子时就把左右袖子区分开来；挖袋的缝制比较困难，不仅要注意口袋的一致性，更要注意美观；帽子的结构比较复杂，要严格按照结构图绘制。

2. 面料、里料、辅料的准备

制作一件女童长款棉服要先了解和购买棉服的面料、里料和辅料，下面将详细介绍面料、里料、辅料的选择以及常使用的面料、辅料购买的用量以及所使用的辅料数量，见表6-22。

图6-37 女童长款棉服效果图

表6-22 女童长款棉服面料、里料、辅料的准备

常用面料、里料		聚酯纤维面料，具有防水、保形等优点，为高密度面料，轻盈柔软、不起绒。棉服里面为羽绒棉内胆，实现了舒适、保暖、轻薄等目的 童装棉服里料的长度一般比面料短些，由于人体动态因素，所以里料需要有一定的弹性，里料颜色应与面料色彩保持一致
常用辅料	罗纹	领口、袖口和下摆选用98%的聚酯纤维和2%的氨纶混纺的无缝针织罗纹布
	拉链	拉链位于前门襟开口处。根据童装的特点，拉链一般选用金属或树脂的，同时要保证拉链牢固、稳定
	线	应选用色泽与面料颜色相近的缝纫线，同时兼具色牢度好、pH值安全及具有较好的防唾液腐蚀性和柔韧性等

3. 女童长款棉服结构制图

按照所需要的人体尺寸，先制作出一个规格尺寸表，这里将不同年龄段大女童长款棉服各部位规格作为参考尺寸举例说明，见表6-23。

表6-23 女童长款棉服成衣规格   单位：厘米

名称\尺码	衣长(前)	衣长(后)	胸围	袖窿深	袖长	袖口	袖口罗纹	肩宽	头围	帽高
120	60	64	80	18	40	25	19	34	52	27
130	64	68	84	19	42.5	25.5	19.5	36	56	30.5
140	68	72	88	20	45	26	20	38	57	31
150	72	76	92	21	47.5	26.5	20.5	40	58	31.5
160	76	80	96	22	50	27	21	42	59	32

女童长款棉服款式如图6-38所示。

图6-38　女童长款棉服款式图

女童长款棉服结构如图6-39所示。

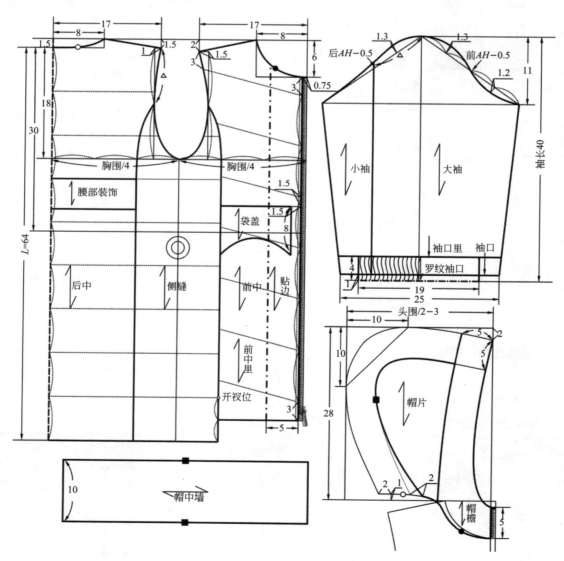

图6-39　女童长款棉服结构制图

第七章 男童装的裁剪纸样绘制

满心欢喜地看着孩子穿着自己缝制的衣服在风里奔跑,在阳光下欢笑,我的孩子啊,感谢你"激活"了妈妈的潜力,原来我也能制作一件爱的衣服。

第一节　中大男童衬衫裁剪纸样绘制

一、中大男童长袖衬衫

此款长袖衬衫适合男童四季穿着。纯棉的格纹面料，可根据季节的变换，选择不同的厚度制作，整体风格简单大方，如图7-1所示。

图7-1　中大男童长袖衬衫效果图

1. 款式说明

（1）领型：为小翻领。

（2）袖子：一片袖，左右袖口分别装有1粒扣子。

（3）门襟：前片有明门襟，装有5粒扣子。

（4）下摆：弧形下摆。

（5）装饰：右侧有贴袋。

（6）整体造型：整体造型为H型。

本款长袖衬衫中，比较难制作的是翻领，翻领的结构比较复杂，一定要按照结构图绘制；袖子在与衣身连接时要注意区分左右。

2. 面料、辅料的准备

制作一件中大男童长袖衬衫要先了解和购买衬衫的面料、辅料，下面将详细介绍面料、辅料的选择以及常使用的面料、辅料购买的用量以及所使用辅料的数量，如表7-1。

表7-1　男童长袖衬衫面料、辅料的准备

常用面料		纯棉面料，吸湿性、保湿性、耐热性、耐碱性、卫生性都比较好，上衣穿着时直接贴近婴幼儿的皮肤，所以，此款服装要采用纯棉面料，面料可根据季节的变换选择不同厚度纯棉面料具有柔软、刺激性小而且不掉色的特点，适合儿童娇嫩的皮肤

续表

常用辅料	塑料扣子		采用塑料扣的主要目的是可以将扣子缝死在服装上，因为扣子的掉落可能会对儿童造成危险
	线		应选用色泽与面料颜色相近的缝纫线，同时兼具色牢度好、pH值安全及具有较好的防唾液腐蚀性和柔韧性等

3. 中大男童长袖衬衫结构制图

按照所需要的人体尺寸，先制作出一个规格尺寸表，这里将不同年龄段中大男童长袖衬衫各部位规格作为参考尺寸举例说明，见表7-2。

表7-2 中大男童长袖衬衫成衣规格　　　　　　　　　　　　　　　　　　　　　　　单位：厘米

名称\规格	衣长	胸围	下摆	袖窿斜度	袖长	侧肩宽	领宽	袖头长	袖头宽
2岁	38	62	64	15	31.5	6.5	11.5	13	2.5
3岁	39	64	67	15.5	33	7	12	14	2.5
4岁	42	67	70	16	35	7.5	12.5	15	2.5
5岁	44	71	73	16.5	37	8	13	16	2.5
6岁	46	74	76	17	38.5	8.5	13.5	17	2.5
6岁以上	48	77	79	17.5	40.5	9	14	17	2.5

中大男童长袖衬衫款式如图7-2所示。

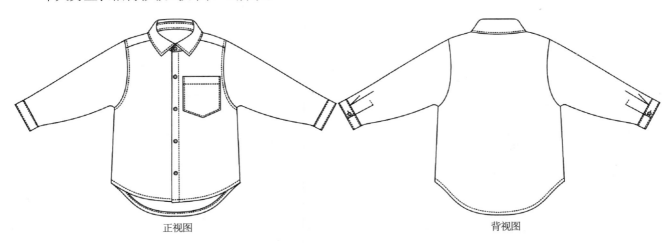

正视图　　　　　　　　　　　　　　　　　　背视图

图7-2　中大男童长袖衬衫款式图

中大男童长袖衬衫结构如图7-3所示。

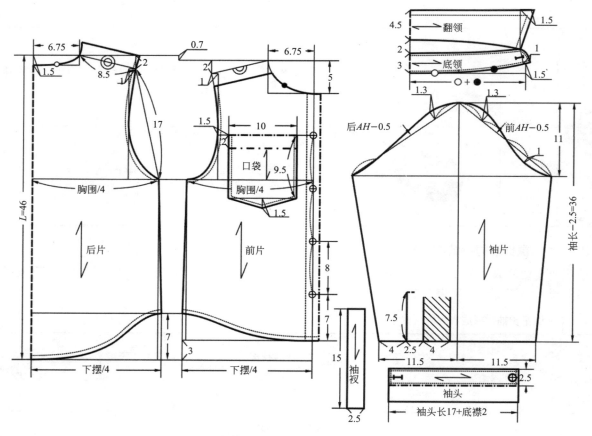

图7-3 中大男童长袖衬衫结构制图

二、中大男童圆领衬衫

此款圆领衬衫适合7～12岁的男童四季穿着。采用薄牛仔单色面料，可根据季节的变换，选择不同的厚度制作，整体风格简单大方，如图7-4所示。

1. 款式说明

（1）领型：为小立领。

（2）袖子：一片袖，左右袖口分别装有1粒扣子。

图7-4 中大男童圆领衬衫效果图

（3）门襟：前片有明门襟，装有5粒扣子。
（4）下摆：下摆接近于直线形。
（5）装饰：前胸有直线分割，分割线下有两个印染的假口袋形状。
（6）整体造型：整体造型为宽松的H型。

在本款衬衫中，比较难制作的是立领，立领的结构比较复杂，一定要按照结构图绘制；袖子在与衣身连接时要注意区分左右。

2. 面料、辅料的准备

制作一件中大男童圆领衬衫要先了解和购买衬衫的面料、辅料，下面将详细介绍面料、辅料的选择以及常使用的面料、辅料购买的用量以及所使用辅料的数量，见表7-3。

表7-3 中大男童圆领衬衫面料、辅料的准备

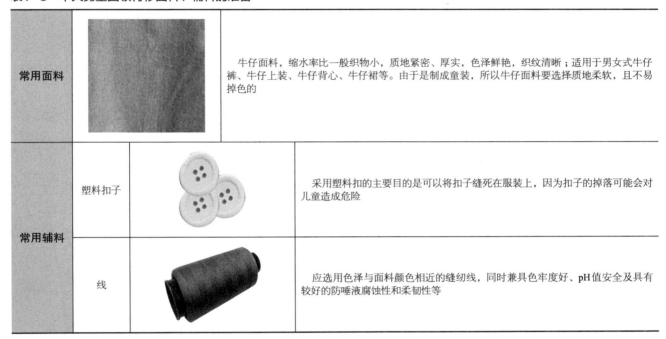

常用面料		牛仔面料，缩水率比一般织物小，质地紧密、厚实，色泽鲜艳，织纹清晰；适用于男女式牛仔裤、牛仔上装、牛仔背心、牛仔裙等。由于是制成童装，所以牛仔面料要选择质地柔软，且不易掉色的
常用辅料	塑料扣子	采用塑料扣的主要目的是可以将扣子缝死在服装上，因为扣子的掉落可能会对儿童造成危险
	线	应选用色泽与面料颜色相近的缝纫线，同时兼具色牢度好、pH值安全及具有较好的防唾液腐蚀性和柔韧性等

3. 中大男童圆领衬衫结构制图

按照所需要的人体尺寸，先制作出一个规格尺寸表，这里将不同年龄段中大男童圆领衬衫各部位规格作为参考尺寸举例说明，见表7-4。

表7-4 中大男童圆领衬衫成衣规格　　　　　　　　　　　　　　　　　　　　　　　　　　单位：厘米

名称 尺码	衣长	胸围	下摆	领宽	肩宽	袖长	袖口	袖口宽
110	45.5	70	41	12	29	41	16	3.5
120	46	72	42.5	13	31.5	42.5	16	3.5
130	54	80	49	14	34	49	17	3.5
140	57.5	84	52	15	36.5	52	17	3.5
150	60.5	89	56	16	39	56	18	3.5

中大男童圆领衬衫款式如图7-5所示。

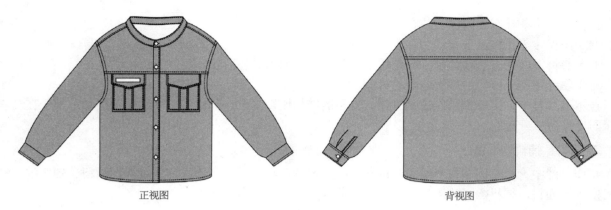

图7-5 中大男童圆领衬衫款式图

中大男童圆领衬衫结构如图7-6所示。

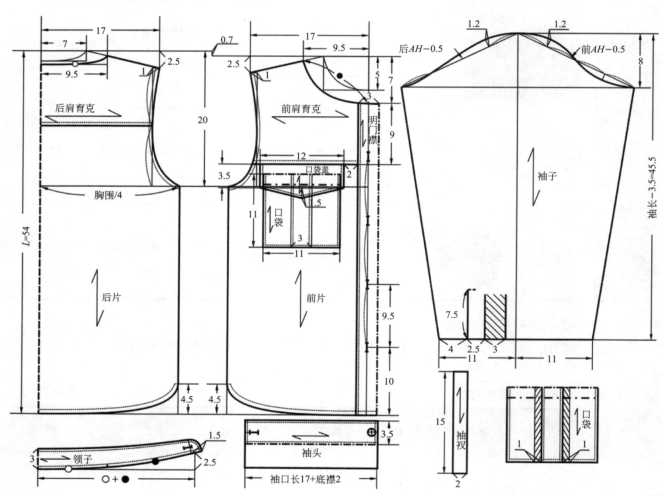

图7-6 中大男童圆领衬衫结构制图

三、中大男童前短后长衬衫

此款前短后长衬衫适合7～15岁男童四季穿着。纯棉的条纹的面料，可根据季节的变换，选择不同的厚度制作，整体风格简单大方，如图7-7所示。

图7-7 中大男童前短后长衬衫效果图

1. 款式说明

（1）领型：为小翻领。
（2）袖子：一片袖，左右袖口分别装有1粒扣子。
（3）门襟：前片有明门襟，装有4粒扣子。
（4）下摆：下摆为弧形。
（5）装饰：前片右侧装饰有贴袋；后片有印染的卡通图案与字母作为装饰。
（6）整体造型：整体造型为比较宽松的H型。

在本款前短后长的衬衫中，比较难制作的是翻领，翻领的结构比较复杂，一定要按照结构图绘制；袖子在与衣身连接时要注意区分左右。

2. 面料、辅料的准备

制作一件中大男童前短后长的衬衫要先了解和购买衬衫的面料、辅料，下面将详细介绍面料、辅料的选择以及常使用的面料、辅料购买的用量以及所使用辅料的数量，见表7-5。

表7-5 中大男童前短后长衬衫面料、辅料的准备

常用面料		纯棉面料，吸湿性、保湿性、耐热性、耐碱性、卫生性都比较好，上衣穿着时直接贴近婴幼儿皮肤，所以，此款服装要采用纯棉面料，面料可根据季节的变换选择不同厚度的。纯棉面料具有柔软、刺激性小而且不掉色的特点，适合儿童娇嫩的皮肤
常用辅料	塑料扣子	采用塑料扣的主要目的是可以将扣子缝死在服装上，因为扣子的掉落可能会对儿童造成危险
	线	应选用色泽与面料颜色相近的缝纫线，同时兼具色牢度好、pH值安全及具有较好的防唾液腐蚀性和柔韧性等

3. 中大男童前短后长衬衫结构制图

按照所需要的人体尺寸，先制作出一个尺寸表，这里将不同年龄段中大男童前短后长衬衫各部位规格作为参考尺寸举例说明，见表7-6。

表7-6　中大男童前短后长衬衫成衣规格　　　　　　　　　　　　　　　　　　　　　单位：厘米

名称 尺码	后衣长	胸围	肩宽	袖长	袖头长	袖头宽	领宽
5岁	57	80	39	30	19	4	15
7岁	84	84	30	32	20	4	16
9岁	88	88	32.5	34	21	4	17
11岁	90	90	35	36	22	4	18

中大男童前短后长衬衫款式如图7-8所示。

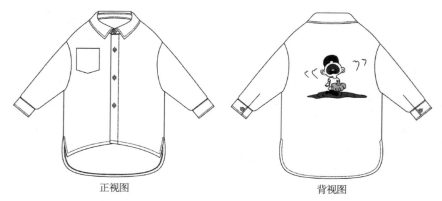

图7-8　中大男童前短后长衬衫款式图

中大男童前短后长衬衫结构如图7-9所示。

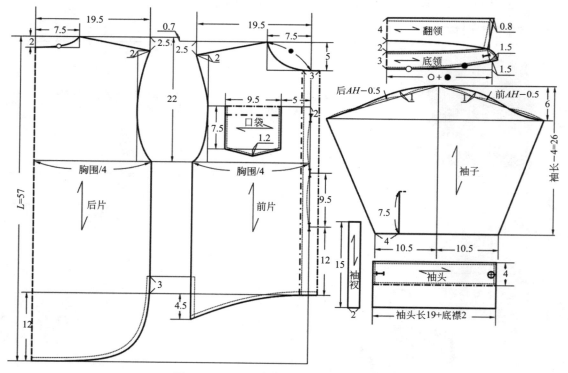

图7-9　中大男童前短后长衬衫结构制图

第二节　中大男童T恤裁剪纸样绘制

一、中大男童圆领T恤

此款圆领T恤适合4岁以下男童夏季穿着。纯棉面料，T恤前片印有恐龙卡通图案，为此款T恤增添了几分童趣。圆领T恤是儿童夏季必备的服装之一，所以，在设计时，不仅要美观，更重要的是注重面料的安全性与T恤穿着时的舒适性。如图7-10所示。

图7-10　中大男童圆领T恤效果图

1. 款式说明

（1）领型：为圆领。
（2）袖子：装袖，一片袖，短袖。
（4）下摆：下摆为直线形。
（5）装饰：前片有恐龙卡通图案作为装饰。
（6）整体造型：整体造型为比较宽松的H型。

在本款圆领T恤中，比较难制作的是领子包边，包边时要注意宽度一致；袖子在与衣身连接时要注意区分左右。

2. 面料、辅料的准备

制作一件中大男童圆领T恤要先了解和购买T恤的面料、辅料，下面将详细介绍面料、辅料的选择以及常使用的面料、辅料购买的用量以及所使用辅料的数量，见表7-7。

表7-7　中大男童圆领T恤面料、辅料的准备

常用面料			纯棉面料，吸湿性、保湿性、耐热性、耐碱性、卫生性都比较好，上衣穿着时直接贴近婴幼儿的皮肤，所以，此款服装要采用纯棉面料。纯棉面料具有柔软、刺激性小而且不掉色的特点，适合儿童的皮肤。袖子与衣身都是纯棉面料，袖子的颜色要比衣身的颜色重一点，是为了使服装更加美观
常用辅料	线		应选用色泽与面料颜色相近的缝纫线，同时兼具色牢度好、pH值安全及具有较好的防唾液腐蚀性和柔韧性等

3. 中大男童圆领T恤结构制图

按照所需要的人体尺寸，先制作出一个规格尺寸表，这里将不同年龄段中大男童圆领T恤各部位规格作为参考尺寸举例说明，见表7-8。

表7-8 中大男童圆领T恤成衣规格   单位：厘米

规格\名称	衣长	胸围	胸背宽	下摆	领宽	侧肩宽	袖窿斜度	袖长	袖口宽
12个月	34	53	20.5	53	11.5	6	12.5	10	8.5
18个月	35.5	54	21	54	12	6.3	13	10.5	9
24个月	36.5	57	22	57	12.5	6.6	13.5	11.5	9.5
2岁	38	58	22.5	58	13	6.9	13.5	12	11
3岁	39	61	23	61	13.5	7.2	14.5	12.5	11.5
4岁	40.5	63	23.5	63	12.5	7.5	15	13.5	12

中大男童圆领T恤款式如图7-11所示。

图7-11 中大男童圆领T恤款式图

中大男童圆领T恤结构如图7-12所示。

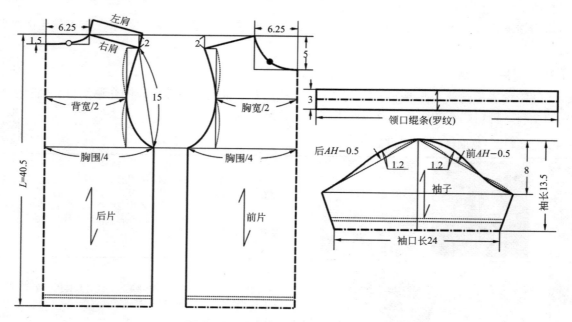

图7-12 中大男童圆领T恤结构制图

二、中大男童插肩袖T恤

此款男童插肩袖T恤适合3～7岁的男孩春秋穿着。纯棉面料，袖子与衣身采用不同的颜色，使此款T恤的特点更加鲜明。T恤是儿童必备的服装之一，所以，在设计服装时，不仅要美观，更重要的是注重面料的安全性与穿着时的舒适性。如图7-13所示。

1. 款式说明

（1）领型：为圆领。

（2）袖子：长插肩袖。

（3）下摆：下摆为直线形。

（4）装饰：左右袖侧缝侧面有长条字母装饰，前片右胸口处有卡通图案作为装饰。

（5）整体造型：整体造型为比较宽松的H型。

图7-13 中大男童插肩袖T恤效果图

在本款T恤中，比较难制作的是领子包边，要注意宽度保持一致；插肩袖是与衣身联系在一起的，比较复杂，所以此款T恤插肩袖的结构是需要特别注意的，必须根据结构图严格制作。

2. 面料、辅料的准备

制作一件插肩T恤要先了解和购买T恤的面料、辅料，下面将详细介绍面料、辅料的选择以及常使用的面料、辅料购买的用量以及所使用辅料的数量，见表7-9。

表7-9 中大男童插肩袖T恤面料、辅料的准备

常用面料		纯棉面料，吸湿性、保湿性、耐热性、耐碱性、卫生性都比较好，上衣穿着时直接贴近婴幼儿的皮肤，所以，此款服装要采用纯棉面料。纯棉面料具有柔软、刺激性小而且不掉色的特点，适合儿童娇嫩的皮肤。袖子与衣身都是纯棉面料，袖子的颜色为黑色，衣身的颜色为白色，是为了使服装更加美观
常用辅料	线	应选用色泽与面料颜色相近的缝纫线，同时兼具色牢度好、pH值安全及具有较好的防唾液腐蚀性和柔韧性等

3. 中大男童插肩袖T恤结构制图

按照所需要的人体尺寸，先制作出一个规格尺寸表，这里将不同年龄段中大男童插肩袖T恤各部位规格作为参考尺寸举例说明，见表7-10。

表7-10 中大男童插肩袖T恤成衣规格   单位：厘米

名称 尺码	衣长	胸围	袖长	肩宽	领宽	袖口宽
90	38.5	60	33	27	11	10
100	41.5	64	36.5	29	12	11
110	45	68	40.5	30	13	12
120	48.5	72	44.5	31	14	13

中大男童插肩袖T恤款式如图7-14所示。

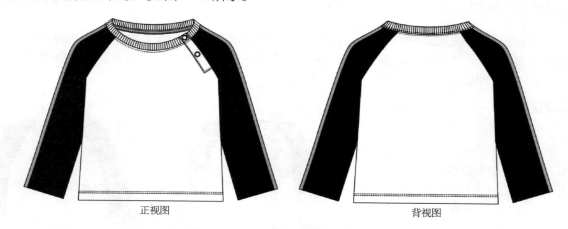

图7-14　中大男童插肩袖T恤款式图

中大男童插肩袖T恤结构如图7-15所示。

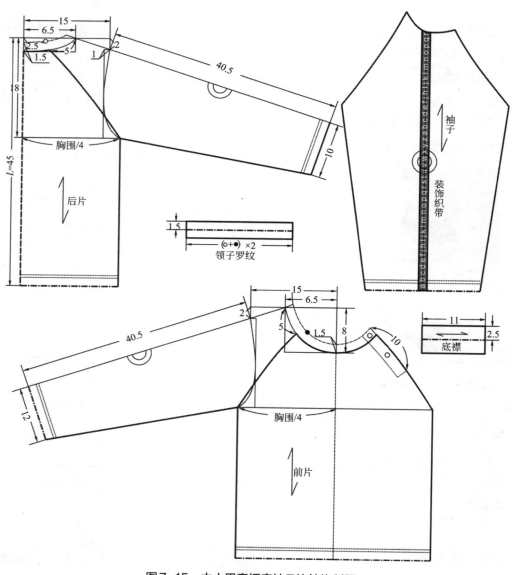

图7-15　中大男童插肩袖T恤结构制图

三、中大男童Polo衫

此款Polo衫适合2～6岁男孩春秋穿着。纯棉条纹面料，Polo衫的结构与衬衣接近，既休闲又不失正式的感觉，适合外出时穿着。Polo衫是儿童必备的服装之一，所以，在设计时不仅要美观，更重要的是注重面料的安全性与穿着时的舒适性。如图7-16所示。

1. 款式说明

（1）领型：为翻领。

（2）袖子：长袖，一片袖，袖口为罗纹收口。

（3）下摆：下摆为直线形。

（4）门襟：前中心设门襟、里襟，三粒扣系结。

（5）整体造型：整体造型为比较宽松的H型。

在本款Polo衫中，比较难制作的是翻领，领围的大小需要注意，必须根据结构图严格制作；门襟与里襟的制作需要注意的是：门襟必须盖住里襟，不能让里襟露在门襟外面。

图7-16　中大男童Polo衫效果图

2. 面料、辅料的准备

制作一件中大男童Polo衫要先了解和购买T恤的面料、辅料，下面将详细介绍面料、辅料的选择以及常使用的面料、辅料购买的用量以及所使用辅料的数量，见表7-11。

表7-11　男童Polo衫面料、辅料的准备

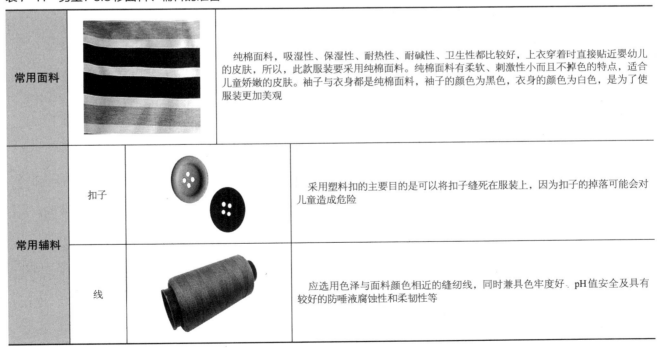

3. 中大男童Polo衫结构制图

按照所需要的人体尺寸，先制作出一个尺寸表，这里将不同年龄段中大男童Polo衫各部位规格作为参考尺寸举例说明，见表7-12。

表7-12　中大男童Polo衫成衣规格　　　　　　　　　　　　　　　　　　　　　　　　　　单位：厘米

规格＼名称	衣长	胸围	袖长	袖窿深	肩宽	领宽	袖头宽
2岁	38	59	32	12	26	11.5	5
3岁	39	63	35	13	27	12	5
4岁	42	66	37	14	28	12.5	5
5岁	44	69	40	16	29	13	5
6岁	46	72	42	17	30	13.5	5
6岁以上	48	75	44	18	31	14	5

中大男童Polo衫款式如图7-17所示。

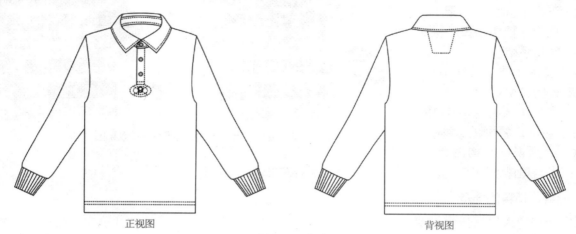

图7-17　中大男童Polo衫款式图

中大男童Polo衫结构如图7-18所示。

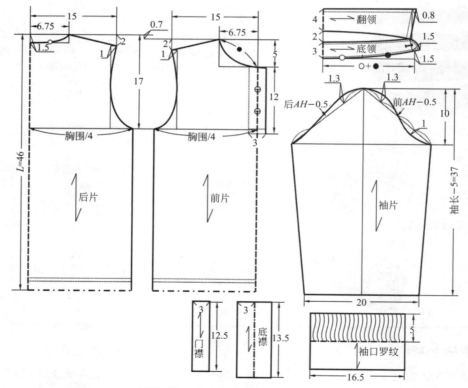

图7-18　中大男童Polo衫结构制图

第三节 中大男童裤子裁剪纸样绘制（短裤、长裤）

一、中大男童腰系绳短裤

此款短裤适合4岁以下男孩夏季穿着。此款短裤的裤腿和腰部均为纯棉面料，腰头系绳带，休闲风格，适合任何场合穿着，款式简单大方，穿着舒适方便，如图7-19所示。

1. 款式说明

（1）腰头：纯棉面料并系绳带。
（2）门襟：前片为假门襟。
（3）裤口：裤口较宽松。
（4）装饰：左右裤腿侧边分别有贴袋，上有袋盖。
（5）整体造型：为比较宽松的H型。

在本款短裤中，比较难制作的是腰头的缝制，腰头与裤身连接时要注意平整，不能出现鼓包的现象；短裤的明线要整齐，间距一致，尤其是门襟处的明线。

图7-19 中大男童腰系绳短裤效果图

2. 面料、辅料的准备

制作一件中大男童腰系绳短裤要先了解和购买短裤的面料、辅料，下面将详细介绍面料、辅料的选择以及常使用的面料、辅料购买的用量以及所使用辅料的数量，见表7-13。

表7-13 中大男童腰系绳短裤面料、辅料的准备

常用面料		纯棉面料，吸湿性、保湿性、耐热性、耐碱性、卫生性都比较好，短裤穿着时直接贴近儿童的皮肤，所以，此款服装要采用纯棉面料。纯棉面料具有柔软、刺激性小而且不掉色的特点，适合儿童娇嫩的皮肤
常用辅料	绳带	短裤上的绳带也采用柔软的材质，防止勒到腰部
	线	应选用色泽与面料颜色相近的缝纫线，同时兼具色牢度好、pH值安全及具有较好的防唾液腐蚀性和柔韧性等

3. 中大男童腰系绳短裤结构制图

按照所需要的人体尺寸，先制作出一个规格尺寸表，这里将不同年龄段中大男童腰系绳短裤各部位规格作为参考尺寸举例说明，见表7-14。

表7-14 中大男童腰系绳短裤成衣规格　　　　　　　　　　　　　　　　　　　　　　　　单位：厘米

规格＼名称	裤长	腰围（直度）	腰围（拉度）	臀围	裤脚宽	腰带宽
3个月	21.5	38	48	48	13	3
6个月	23	39	51	51	14	3
9个月	24	40	53	53	14	3
12个月	25.5	41	56	56	14.5	3
18个月	26.5	42	60	58	15	3
24个月	28	43	63	61	16	3
2岁	29	43	66	64	16.5	3
3岁	30.5	44	68	66	17	3
4岁	31.5	46	71	68	17.5	3

中大男童腰系绳短裤款式如图7-20所示。

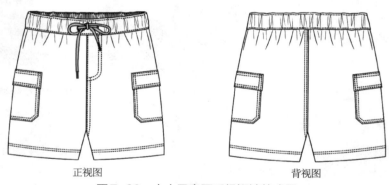

正视图　　　　　　　背视图

图7-20　中大男童腰系绳短裤款式图

中大男童腰系绳短裤结构如图7-21所示。

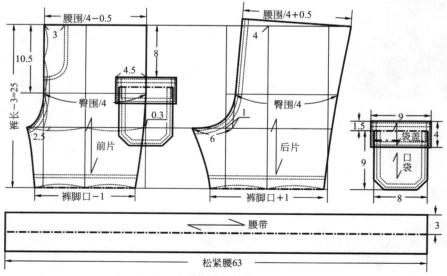

图7-21　中大男童腰系绳短裤结构制图

二、中大男童牛仔短裤

此款牛仔短裤适合男童夏季穿着。裤身采用牛仔面料，腰部为罗纹面料，款式简单大方，穿着舒适方便。短裤是儿童必备的服装之一，设计时要考虑面料的安全性与穿着时的舒适性。如图7-22所示。

图7-22 中大男童牛仔短裤效果图

1. 款式说明

（1）腰头：罗纹面料。
（2）门襟：前片为假门襟。
（3）裤口：裤口较宽松。
（4）装饰：前片左右裤腰头下装饰有明贴袋，左侧贴袋上缝制小袋盖作为装饰；后片左右分为有贴袋作为装饰。
（5）整体造型：为比较宽松的H型。

在本款牛仔短裤中，比较难制作的是腰头的缝制，腰头与裤身连接时要注意平整，不能出现鼓包的现象；短裤的明线要整齐，间距一致。

2. 面料、辅料的准备

制作一条中大男童牛仔短裤要先了解和购买短裤的面料、辅料，下面将详细介绍面料、辅料的选择以及常使用的面料、辅料购买的用量以及所使用辅料的数量，见表7-15。

表7-15 中大男童牛仔短裤面料、辅料的准备

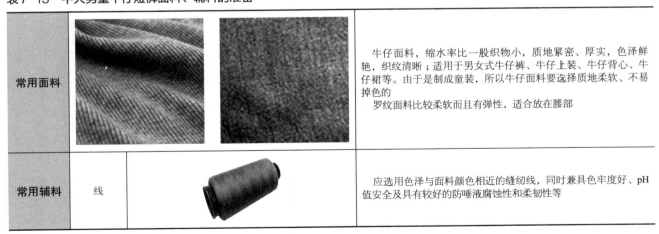

3. 中大男童牛仔短裤结构制图

按照所需要的人体尺寸，先制作出一个规格尺寸表，这里将不同年龄段中大男童牛仔短裤各部位规格作为参考尺寸举例说明，见表7-16。

表7-16 中大男童牛仔短裤成衣规格 单位：厘米

规格\名称	裤长	腰围（直度）	腰围（拉度）	臀围	上档	裤脚宽	腰带宽
12个月	25.5	41	56	56	16	15	3
18个月	26.5	42	60	60	16.5	16	3
24个月	28	43	63	63	17	17	3
2岁	29	43	66	66	17.5	17	3
3岁	30.5	44	68	68	18	18	3
4岁	31.5	46	71	71	18.5	18	3

中大男童牛仔短裤款式如图7-23所示。

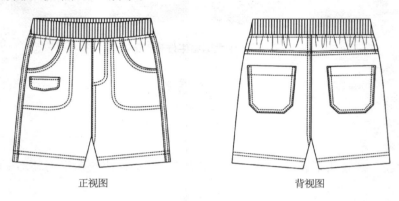

图7-23 中大男童牛仔短裤款式图

中大男童牛仔短裤结构如图7-24所示。

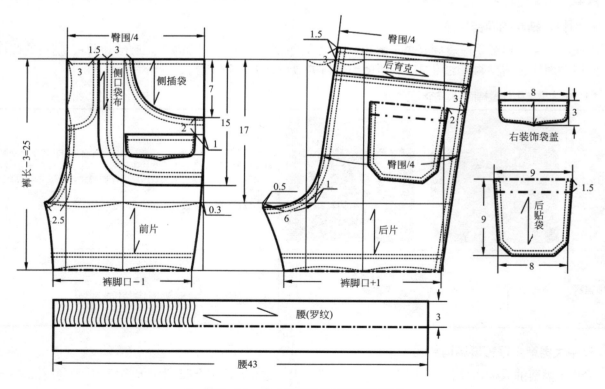

图7-24 中大男童牛仔短裤结构制图

三、中大男童休闲短裤

此款休闲短裤适合夏季穿着。裤身和腰部均为纯棉面料,腰部为系绳带,款式简单大方,穿着舒适方便,设计时要考虑面料的安全性与穿着时的舒适性,如图7-25所示。

图7-25 中大男童休闲短裤效果图

1. 款式说明

(1)腰头:系绳带。
(2)裤口:裤口较宽松。
(3)装饰:前片左右裤腰头下装饰有斜插袋;后片右侧有贴袋作为装饰。
(4)整体造型:为比较宽松的H型。

在本款休闲短裤中,比较难制作的是腰头的缝制,腰头与裤身连接时要注意平整,不能出现鼓包的现象;斜插袋的结构有难度,应严格按照结构图绘制。

2. 面料、辅料的准备

制作一条中大男童休闲短裤要先了解和购买短裤的面料、辅料,下面将详细介绍面料、辅料的选择以及常使用的面料、辅料购买的用量以及所使用辅料的数量,见表7-17。

表7-17 中大男童休闲短裤面料、辅料的准备

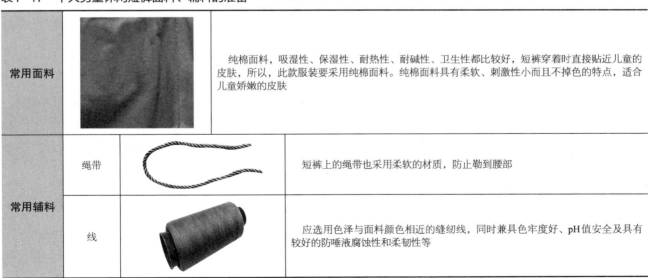

3. 中大男童休闲短裤结构制图

按照所需要的人体尺寸,先制作出一个尺寸表,这里将不同年龄段中大男童休闲短裤各部位规格作为参考尺寸举例说明,见表7-18。

表7-18　中大男童休闲短裤成衣规格　　　　　　　　　　　　　　　　　　　　单位：厘米

规格\名称	裤长	腰围（直度）	腰围（拉度）	臀围	上档	裤脚宽	腰带宽
12个月	25.5	41	56	56	16	15	3
18个月	26.5	42	60	60	16.5	16	3
24个月	28	43	63	63	17	17	3
2岁	29	43	66	66	17.5	17	3
3岁	30.5	44	68	68	18	18	3
4岁	31.5	46	71	71	18.5	18	3

中大男童休闲短裤款式如图7-26所示。

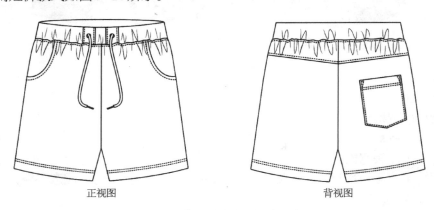

图7-26　中大男童休闲短裤款式图

中大男童休闲短裤结构如图7-27所示。

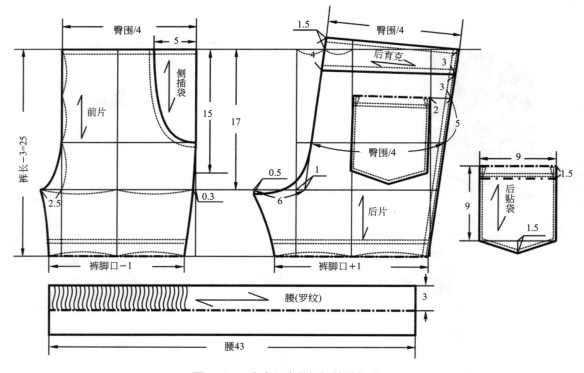

图7-27　中大男童休闲短裤结构制图

四、中大男童休闲长裤

此款休闲长裤适合男童四季穿着。纯棉面料,长裤的腰部为松紧带,款式简单大方,穿着舒适方便。长裤是儿童必备的服装之一。如图7-28所示。

图7-28 中大男童休闲长裤效果图

1. 款式说明

（1）腰头：松紧带，并在正前面有1粒装饰性的扣子与裤环。
（2）裤口：裤口较宽松。
（3）装饰：前片左右裤腰头下装饰有斜插袋。
（4）整体造型：为比较宽松的H型。

在本款休闲长裤中，比较难制作的是腰头的缝制和松紧带的安装，腰头与裤身连接时要注意平整，不能出现鼓包的现象；斜插袋的结构有难度，应严格按照结构图绘制。

2. 面料、辅料的准备

制作一件中大男童休闲长裤要先了解和购买长裤的面料、辅料，下面将详细介绍面料、辅料的选择以及常使用的面料、辅料购买的用量以及所使用辅料的数量，见表7-19。

表7-19 中大男童休闲长裤面料、辅料的准备

常用面料		纯棉面料，吸湿性、保湿性、耐热性、耐碱性、卫生性都比较好，短裤穿着时直接贴近儿童的皮肤，所以，此款服装要采用纯棉面料。纯棉面料具有柔软、刺激性小而且不掉色的特点，适合儿童娇嫩的皮肤
常用辅料	木质扣子	儿童服装上的扣子安全性必须要高，木质扣子不易划伤孩子，所以在儿童服装上使用得较多
	松紧带	松紧带又叫弹力线、橡筋线，细点可作为服装辅料底线，特别适合于内衣、裤子、儿童服装、毛衣、运动服等，用在儿童服装上比较柔软
	线	应选用色泽与面料颜色相近的缝纫线，同时兼具色牢度好、pH值安全及具有较好的防唾液腐蚀性和柔韧性等

3. 中大男童休闲长裤结构制图

按照所需要的人体尺寸，先制作出一个尺寸表，这里将不同年龄段中大男童休闲长裤各部位规格作为参考尺寸举例说明，见表7-20。

表7-20　中大男童休闲长裤成衣规格　　　　　　　　　　　　　　　　　　　　　　　　　　单位：厘米

规格＼名称	裤长	合体腰围	腰围	臀围	上裆（含腰）	裤脚宽	腰宽
12个月	44.5	41	53	51	20.5	10	5
18个月	48	42	54	54	21	10.5	5
24个月	52	44	56	58	21.5	11	5
2岁	54	46	57	61	22	11.5	5
3岁	58.5	47	58	64	22.5	12	5
4岁	63	48	60	66	23	12.5	5
5岁	68.5	49	61	69	23.5	13	5
6岁	74	52	62	72	24	13.5	5
7岁	78	53	64	74	24.5	14	5

中大男童休闲长裤款式如图7-29所示。

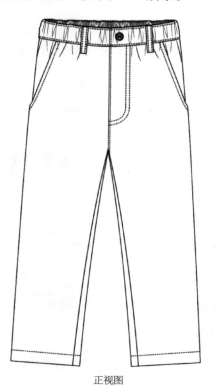
正视图

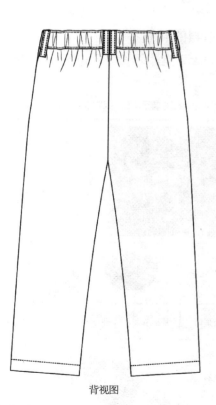
背视图

图7-29　中大男童休闲长裤款式图

中大男童休闲长裤结构如图7-30所示。

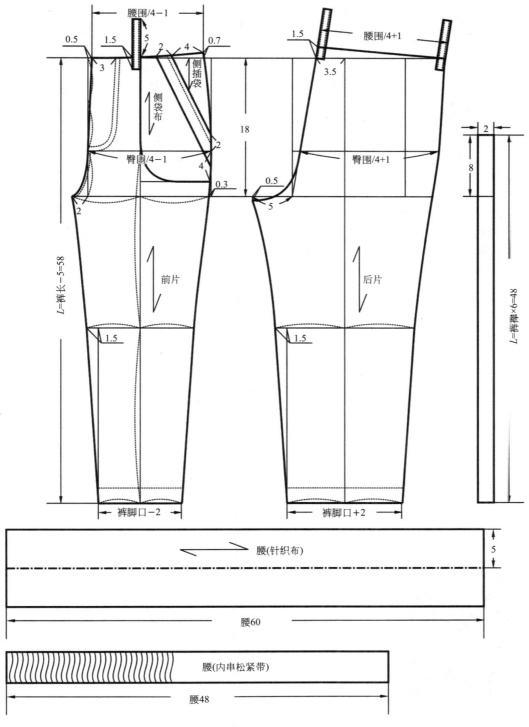

图7-30　中大男童休闲长裤结构制图

五、中大男童牛仔长裤

此款牛仔长裤适合男童四季穿着。裤身为牛仔面料，腰部为松紧带，款式简单大方，穿着舒适方便。长裤是儿童必备的服装之一。如图7-31所示。

图7-31 中大男童牛仔长裤效果图

1. 款式说明

（1）腰头：松紧带，并缝制裤环。
（2）裤口：裤口较宽松。
（3）门襟：假门襟。
（4）装饰：前片左右裤腰头下装饰有斜插袋；后片左右两边各有贴袋。
（5）整体造型：为比较宽松的H型。

在本款牛仔长裤中，比较难制作的是腰头的缝制和松紧带的安装，腰头与裤身连接时要注意平整，不能出现鼓包的现象；斜插袋的结构有难度，应严格按照结构图绘制；后片的贴袋注意明线的整齐性。

2. 面料、辅料的准备

制作一件中大男童牛仔长裤要先了解和购买长裤的面料、辅料，下面将详细介绍面料、辅料的选择以及常使用的面料、辅料购买的用量以及所使用辅料的数量，见表7-21。

表7-21 中大男童牛仔长裤面料、辅料的准备

常用面料			牛仔面料，缩水率比一般织物小，质地紧密、厚实，色泽鲜艳，织纹清晰；适用于男女式牛仔裤、牛仔上装、牛仔背心、牛仔裙等。由于是制成童装，所以牛仔面料要选择质地柔软、不易掉色的
常用辅料	松紧带		松紧带又叫弹力线、橡筋线，细点可作为服装辅料底线，特别适合于内衣、裤子、毛衣、运动服等，用在儿童服装上比较柔软
	线		应选用色泽与面料颜色相近的缝纫线，同时兼具色牢度好、pH值安全及具有较好的防唾液腐蚀性和柔韧性等

3. 中大男童牛仔长裤结构制图

按照所需要的人体尺寸，先制作出一个规格尺寸表，这里将不同年龄段中大男童牛仔长裤各部位规格作为参考尺寸举例说明，见表7-22。

表7-22 中大男童牛仔长裤成衣规格　　　　　　　　　　　　　　　　　　　　　　　　　　单位：厘米

规格＼名称	裤长	合体腰围	腰围	臀围	上裆（含腰）	裤脚宽	腰宽
12个月	44.5	40	53	51	16	8.5	4
18个月	48	44	54	54	17	9	4
24个月	52	47	56	58	19	9.5	4
2岁	54	51	57	61	20	10	4
3岁	58.5	53	58	64	21	10.5	4
4岁	63	54	60	66	21	11	4
5岁	68.5	56	61	69	23	11.5	4
6岁	74	58	62	72	23	12	4
7岁	78	60	64	74	24	12.5	4

中大男童牛仔长裤款式如图7-32所示。

正视图　　　　　　　　　　　　　　背视图

图7-32　中大男童牛仔长裤款式图

中大男童牛仔长裤结构如图7-33所示。

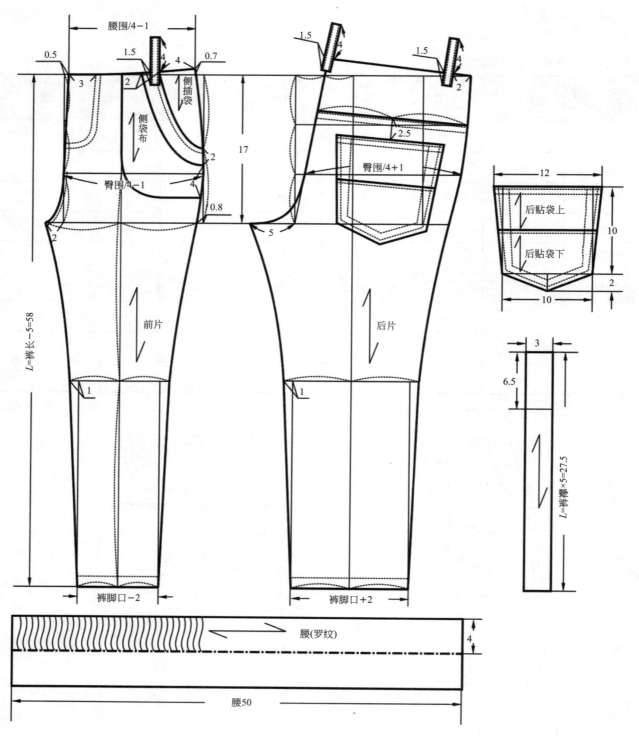

图7-33 中大男童牛仔长裤结构制图

六、中大男童运动长裤

此款运动长裤适合四季穿着。面料为95%棉和5%氨纶混纺，腰部为松紧带，脚口为罗纹收口，穿着舒适方便，适合运动时穿着。长裤是儿童必备的服装之一。如图7-34所示。

1. 款式说明

（1）腰头：松紧带。

（2）裤口：罗纹面料收口。

（3）装饰：前片左右裤腰头下装饰有斜插袋，并装有拉链，以防运动时口袋中的东西掉落。

在本款运动长裤中，比较难制作的是斜插袋，应严格按照结构图绘制，拉链要用拉链压脚安装。

2. 面料、辅料的准备

制作一件中大男童运动长裤要先了解和购买长裤的面料、辅料，下面将详细介绍面料、辅料的选择以及常使用的面料、辅料购买的用量以及所使用的辅料的数量，见表7-23。

图7-34 中大男童运动长裤效果图

表7-23 中大男童运动长裤面料、辅料的准备

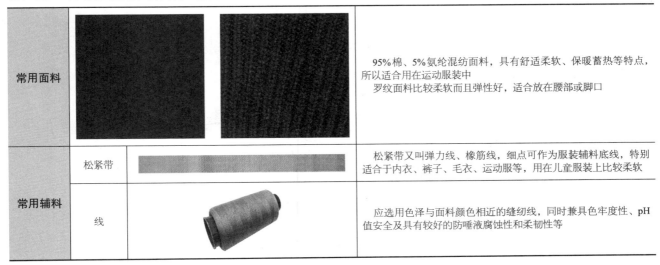

3. 中大男童运动长裤结构制图

按照所需要的人体尺寸，先制作出一个尺寸表，这里将不同年龄段中大男童运动长裤各部位规格作为参考尺寸举例说明，见表7-24。

表7-24 中大男童运动长裤成衣规格　　　　　　　　　　　　　　　　　　　　　　　　　　　　　　单位：厘米

名称\规格	裤长	合体腰围	腰围	臀围	上裆	裤脚宽	裤脚宽长罗纹	腰宽	裤脚罗纹宽
18个月	47	42	54	62	17	10	8	3	5
24个月	50	44	56	64	19	11	9	3	5
2岁	53	46	57	66	20	11	9	3	5
3岁	57	48	58	68	21	12	10	3	5
4岁	60	50	60	70	22	12	10	3	5
5岁	63	52	61	72	22	13	11	3	5
6岁	66	54	62	74	23	13	11	3	5
7岁	69	56	64	76	24	14	12	3	5

中大男童运动长裤款式如图7-35所示。

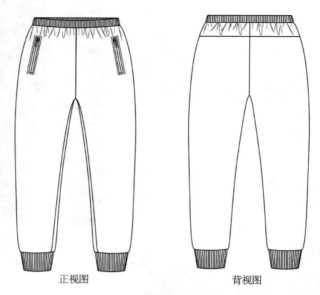

图7-35　中大男童运动长裤款式图

中大男童运动长裤结构如图7-36所示。

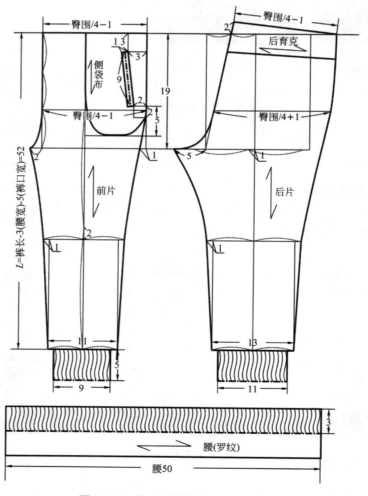

图7-36　中大男童运动长裤结构制图

第四节 马甲、夹克、棉服裁剪纸样绘制

一、男童马甲

此款马甲适合4～10岁男童春秋季节穿着。条纹面料与小圆领使服装整体造型更加绅士，款式简洁大方，适合男童与衬衣、毛衣等搭配穿着，如图7-37所示。

图7-37 男童马甲效果图

1. 款式说明

（1）纽扣：马甲前片，有6粒扣子。
（2）领口：领口为圆形。
（3）下摆：下摆接近于直线。
（4）装饰：前片左右两边分别有插袋。

在本款马甲中，整体结构比较简单，领边与袖边缝制过程中要注意整齐统一。包边也是为了使领型与袖型不变形；插袋的制作需要根据结构图与工艺操作，要注意两个插袋的大小一致。

2. 面料、辅料的准备

制作一件中大男童马甲要先了解和购买马甲的面料、辅料，下面将详细介绍面料、辅料的选择以及常使用的面料、辅料购买的用量以及所使用辅料的数量，见表7-25。

表7-25 男童马甲面料、辅料的准备

	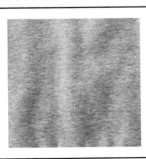	
常用面料		65%棉加35%聚酯纤维混纺的面料，具有防水、保形等优点，为高密度面料，轻盈柔软、不起绒

续表

常用辅料	四合扣		为避免婴幼儿舔食，应选用天然、无毒、染色且色牢度强的纽扣，此款服装采用四合扣，是为了保护婴幼儿的安全与健康
	线		应选用色泽与面料颜色相近的缝纫线，同时兼具色牢度好、pH值安全及具有较好的防唾液腐蚀性和柔韧性等

3. 男童马甲结构制图

按照所需要的人体尺寸，先制作出一个规格尺寸表，这里将不同年龄段男童马甲各部位规格作为参考尺寸举例说明，见表7-26。

表7-26　男童马甲成衣规格　　　　　　　　　　　　　　　　　　　　　　　　　单位：厘米

名称 型号	衣长	胸围	袖窿深	肩宽	领宽
100	45	68	19	29	12
110	46	72	20	30	13
120	48	76	21	31	14
130	52	80	22	32	15
140	55	84	23	33	16
150	58	88	24	34	17
160	61	92	25	35	18

男童马甲款式如图7-38所示。

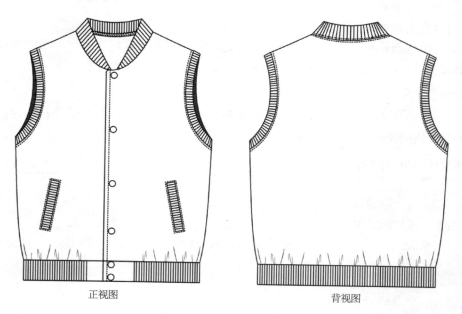

图7-38　男童马甲款式图

男童马甲结构如图7-39所示。

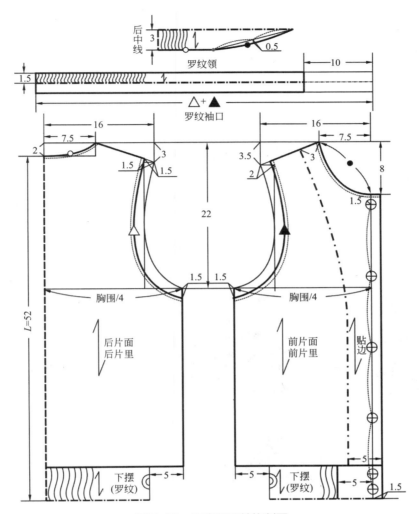

图7-39　男童马甲结构制图

二、男童夹克

本款男童夹克是一款具有浓郁学院风的童装，宽松舒适的款式充满童趣，版型简单舒适，又留有大面积的空间足以填补上各种元素、图案突出孩子天真烂漫的性格，与活泼阳光的男童形象相得益彰，如图7-40所示。

图7-40　男童夹克效果图

1. 款式说明

本款男童夹克款式较宽松，选用插肩袖的形式，使其肩部在大臂运动时最为舒适，最大限度地保证了男童在运动时的穿着舒适度，为良好的运动体验提供支持。同时，在领口、袖口和下摆处都选用了纯棉针织罗纹面料，防风的同时也能保证活动状态下服装的贴合性。

（1）衣身构成：衣身三片结构，前身左右对称结构，后身一片结构。

（2）口袋：前身腰线以上为两个斜插袋。

（3）拉链：对襟开合，位于前中心。

插肩袖是介于连袖和装袖之间的一种袖型，其特征是将袖窿的分割线由肩头转移到了领窝附近，使得肩部和袖子连接在一起，视觉上增加了手臂的长度，因此对于生长迅速，体型变化较大的儿童，宽松的、没有清晰肩宽的插肩袖非常适宜。

2. 面料、里料、辅料的准备

制作一件夹克要先了解和购买夹克的面料、里料和辅料，下面将详细介绍面料、里料、辅料的选择以及常使用的面料、里料、辅料购买的用量以及所使用辅料的数量，见表7-27。

表7-27 男童夹克面料、里料、辅料的准备

3. 男童夹克结构制图

按照所需要的人体尺寸，先制作出一个规格尺寸表，这里将不同年龄段男童夹克各部位规格作为参考尺寸举例说明，见表7-28。

表7-28 男童夹克规格表　　　　　　　　　　　　　　　　　　　　　　　　　　　　单位：厘米

名称 规格	衣长	胸围	下摆罗纹	领宽	肩宽	袖窿深	袖长	袖口	袖口罗纹
2岁	32	66	54	15.5	23.5	13	38	21.5	15.5
3岁	36	68	56	16	24	14	39	22	16
4岁	36	70	58	16.5	24.5	15	40	22.5	16.5
5岁	38	72	60	17	25	16	41	23	17
6岁	40	74	62	17.5	25.5	16.5	42	23.5	17.5
7岁	42	76	64	18	36	17	43	24	18

男童夹克款式如图7-41所示。

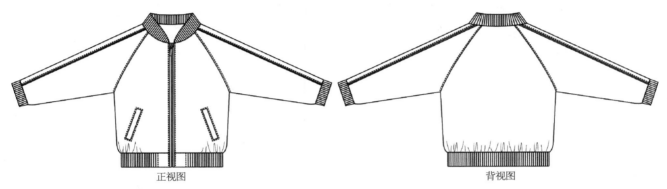

图7-41　男童夹克款式图

男童夹克结构如图7-42所示。

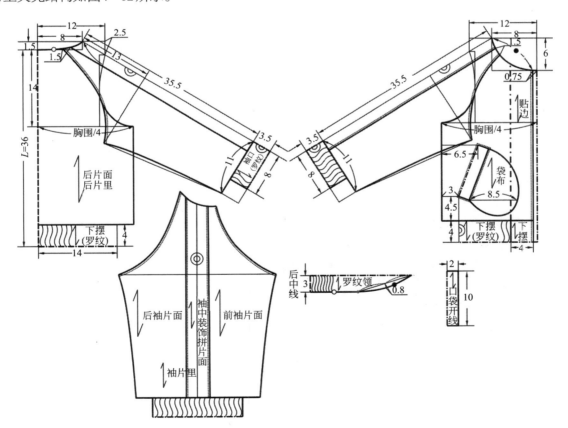

图7-42　男童夹克结构制图

三、男童短款棉服

本款男童短款棉服采用宽松的款式,版型简单舒适,如图7-43所示。

图7-43 男童短款棉服效果图

1. 款式说明

本款男童短款棉服款式较宽松,在袖型上选用了一片袖的形式,使其肩部在大臂运动时最为舒适,最大限度地保证了男童在运动时穿着的舒适度,为良好的运动体验提供支持。同时,在领口、袖口下摆处都选用了纯棉针织罗纹面料,防风的同时也能保证活动状态下服装的贴合性。

(1)领子:小圆领。

(2)口袋:在腰部左右位置分别有一个斜插袋。

(3)拉链:拉链位于前中心。

(4)袖子:一片袖。

(5)整体造型:为宽松版H形。

袖子与衣身连接时注意区分左右袖,在缝制袖子时就把左右袖子区分开来;斜插袋的缝制比较困难,不仅要注意口袋的一致性,更要注意美观。

2. 面料、里料、辅料的准备

制作一件男童短款棉服要先了解和购买棉服的面料、里料和辅料,下面将详细介绍面料、里料、辅料的选择以及常使用的面料、里料、辅料购买的用量以及所使用辅料的数量,见表7-29。

表7-29 男童短款棉服面料、里料、辅料的准备

常用面料、里料			聚酯纤维面料,具有防水、保形等优点,为高密度面料,轻盈柔软、不起绒。棉服里面为羽绒棉内胆,实现了舒适、保暖、轻薄等目的 童装棉服里料的长度一般比面料短些,由于人体动态因素,所以里料需要有一定的弹性,里料颜色应与面料色彩保持一致
常用辅料	罗纹		领口、袖口和下摆选用98%聚酯纤维和2%氨纶混纺的无缝针织罗纹面料

常用辅料	拉链		拉链位于前门襟开口处，根据童装特点一般选用金属或树脂的，同时保证拉链牢固、稳定
	线		应选用色泽与面料颜色相近的缝纫线，同时兼具色牢度好、pH值安全及具有较好的防唾液腐蚀性和柔韧性等

3. 男童短款棉服结构制图

按照所需要的人体尺寸，先制作出一个规格尺寸表，这里将不同年龄段男童短款棉服各部位规格作为参考尺寸举例说明，见表7-30。

表7-30 男童短款棉服成衣规格　　　　　　　　　　　　　　　　　　　　　　　　　　单位：厘米

名称＼尺码	衣长	胸围	下摆（罗纹）	袖长	袖窿深	肩宽	领宽	袖口	袖口（罗纹）
3～4岁	40	74	60	34	17.5	30	13	22.5	16.5
7～6岁	44	78	64	37	19.5	30.5	15	22.5	17
7～8岁	47	82	68	40	22	31	17	23	17.5
9～10岁	49	86	72	43	24.5	31.5	19	23.5	18
11～12岁	53	90	74	46	27	32	21	24	18.5
13～14岁	57	94	78	49	28	32.5	23	24.5	19

男童短款棉服款式如图7-44所示。

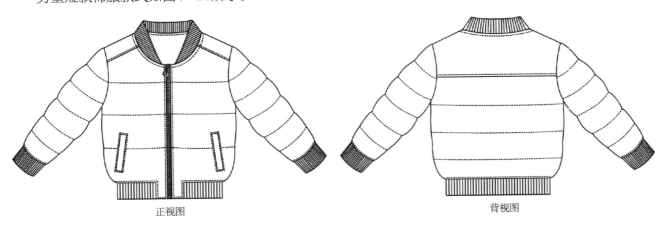

正视图　　　　　　　　　　　　　　背视图

图7-44　男童短款棉服款式图

男童短款棉服结构如图7-45所示。

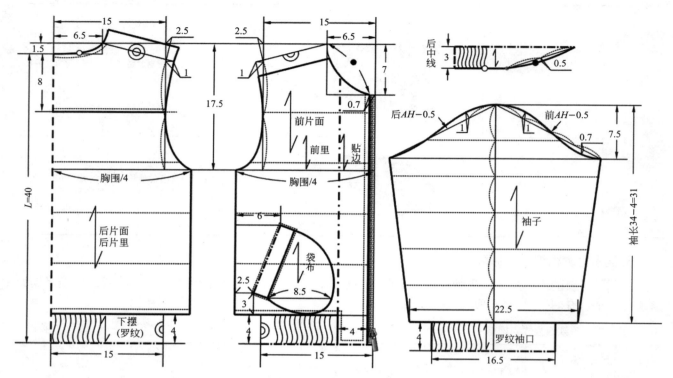

图7-45　男童短款棉服结构制图

第八章 童装缝制工艺

童装的缝制是童装制作的最后一个环节，这一环节是将抽象的纸样和裁片变为具象立体的精美成衣的过程，在这个过程中能体会到精美的童装从手中诞生的自豪感。

第一节　缝制的基础知识

一、童装缝制工具的准备

（一）家用缝纫机的介绍

家用缝纫机按动力来源分为人力缝纫机和电动缝纫机，人力缝纫机由于效率较低且缝制功能受限，市场上已经鲜有生产；而家用电动缝纫机由于具备使用轻便、操作简单、功能全面等优点，成为了服装设计和工艺爱好者们的不二之选。同时在童装缝制中并不需要太过复杂的工艺，一些简单的缝制操作如平缝、包缝、绱拉链以及锁扣眼等都能够通过家用电动缝纫机轻松完成。

目前市场上常见的家用电动缝纫机有兄弟、重机等日本品牌和圣家、飞跃、蝴蝶等国内品牌，如图8-1～图8-3所示。这些品牌的家用缝纫机都具有功能齐全、操作方式友好且新手易于上手的特点，缝制速度较工业平缝机相对平缓，可避免在缝制过程中意外受伤。这些家用电动缝纫机能够胜任普通牛仔布、棉布、低弹力面料、薄料和雪纺等大多数常见面料，吃厚能力一般可胜任七八层牛仔面料，为缝制不同种类的童装提供了可能。

同时，选购家用电动缝纫机时要考虑到不同的需求，一般情况下国产家用电动缝纫机较为经济实惠，功能能够满足一般的缝制需求，价格一般在千元以下，同时配件更换也比较容易；而日本品牌兄弟和重机缝制专业水平比较高，功能和材质也较国产品牌缝纫机更加高端，因而价格相对较高，一般在千元以上，高端的在5000元以上。

图8-1　蝴蝶牌家用缝纫机

图8-2　兄弟牌家用缝纫机

图8-3　圣家牌家用缝纫机

1. 家用缝纫机机身部位讲解

如图8-4所示，以图8-3的圣家牌家用缝纫机为例。

（1）线轮珠柱：把缝纫时候所需要的小线轴直接放到上面即可。

（2）自动绕线器：按照图解步骤穿好线将梭芯卡绕线器上，然后顺时针缠上几圈线，这样可以起到固定的作用，踩住脚踏板即可自动绕线。

（3）手轮：使用手轮可方便抬针或落针。

（4）挑线杆：缝纫穿面线时按照图解数字提示的操作顺序，直接挂到挑线杆的钩子上，否则会严重影响缝纫工作。

（5）夹线器：在穿面线的时候，夹线器是必须经过的，并且在图8-4进行到这一步的时候，缝纫机的压脚必须抬起，否则会影响缝纫。

（6）绕线夹线器：绕梭芯线（底线）的时候必须经过此处，否则会影响缝纫。

（7）面线调节按钮：根据缝纫面料的薄厚等因素，可将此按钮左右微调以得到最佳缝纫效果为准。

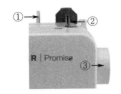    

图8-4　家用缝纫机部位分析

（8）花样调节转盘：旋转调节此转盘可自由选择喜欢的线迹。

（9）倒缝按钮：在缝合面料的开头或结尾需要用到此按钮，按住此按钮不松手可实现倒回针缝纫以便加固。

（10）压脚：只需要轻轻一按便可实现快速装卸压脚。

（11）金属针板：皮实耐磨。

2. 家用缝纫机具体的练习步骤

（1）身体挺胸坐直，坐凳不宜太高或太低。

（2）用右脚放在脚踏板上，右膝靠在膝控压脚（抬缝纫机压脚用）的碰块上，练习抬、放压脚，以熟练掌握为准。

（3）稳机练习（不安装机针、不穿引缝线）做起步、慢速、中速、停机的重复练习，起步时要缓慢用力（切勿用力过大），停机时应当迅速准确，以练习慢、中速为主，反复进行练习，以熟练掌握为准。

（4）缝制机倒顺送料练习，用二层纸或一层厚纸，作起缝、打倒顺针练习，以熟练掌握为准。

3. 服装缝制时的操作要点

（1）在缝合衣片无特殊要求的情况下，机缝压脚一般都要保持上下松紧一致。

原因：下层面料受到送布的直接推送作用走得较快（受到外界阻力较小），而上层面料受到压脚的阻力和送布间接推送等因素走得较慢，这样就会导致衣片在缝合完成之后，上层面料余留缝份缝料较长，而下层面料余留缝料较短或上下衣片缝合之后缝份部位产生松紧皱缩现象。因此我们应当针对这一机缝特点，采取相应必要且可行的解决办法。

措施：在进行衣片缝合的时候，要注意正确的手势，左手向前稍推送衣片面料，右手将下层面料稍稍拉紧（有的缝位过小不宜用手拉紧，可借助钻车或钳工来控制松紧）。这样才能使上下衣片始终保持着松紧一致，不起松紧皱缩现象。

（2）机缝夏季薄面料的时，起落针根据需要可缉倒顺针，机缝断线一般可以重叠接线，但倒针交接不能出现双轨。

（3）在准备各种机缝裁片的时候，裁片缝份要留足，不宜有虚缝。

（4）在进行卷边缝的时候，压止口及各种包缝的缉线也应当注意上下层松紧一致，倘若裁片缝合时上下层错位，就会形成斜纹涟形，从而影响美观。

4. 平缝机使用时的注意事项

（1）上机前进行安全操作和用电安全常识学习。

（2）工作中机器出现异常声音时，要立即停止工作，及时进行处理。

（3）面线穿入机针孔后，机器不空转，以免轧线。

（4）电动缝纫机，要做到用时开，工作结束或离开机器时要关掉。

（5）工作中手和机针要保持一定距离，以免造成机针扎伤手指和意外的事故。

（二）服装基础缝制的提前准备

1. 缝纫针、线的选用

机针的常用型号规格：9号、11号、14号、16号、18号，机针规格越小，代表这个机针的针头也就越细；规格越大就代表这个机针的针头也就越粗。缝料越厚越硬挺，机针的选择也就越粗；缝料越薄越软，针的选择也就越细。缝纫线的选择应当与缝纫针的选择一致。

2. 针迹、针距的调节

面料针迹的清晰、整齐情况以及针距的密度等，都是衡量缝纫质量的重要标准。针迹的调节由缝纫机机身上的调节按钮控制。将调节按钮向左旋转针迹变长，往右旋转针迹变短（密），针迹的调节也必须是按衣料的厚薄、松紧、软硬合理进行。

在进行机缝前应当先将针距调节好。缝纫针距要适当，针距过大（稀）影响美观，而且还影响缝纫牢度，针距过小（密）同样也影响美观，而且易损伤衣料，从而影响缝纫牢度。根据经验：薄料、精纺料3cm长度控制在14～18针；厚料、粗纺料3cm长度控制在8～12针。

二、手缝简介

手缝即手工缝制。手工缝制服装的历史较为悠久，在工业革命以前，服装的制作基本上都是采取手工缝制完成的。随着工业革命的完成，大机器工业生产的服装由于成本低、款式丰富、单件服装生产周期短等优势，促使在很短的时间里，这类大机械生产的服装纷纷涌入平常百姓家中，这极大地冲击了我国的手工纺织业。

由于手工缝制服装成本较高，因此只适用于较高端的服装中，或者在缝制服装的过程中，出现很多机械完成不了的特殊部位，这些部位仍然需要采取手缝的办法完成。

如今手缝主要是解决特殊部位的固定、控制、定型等问题。

下面对手缝工艺简易针法进行介绍。针法种类众多，但是在生活中真正常用的针法较少，因此笔者只简要介绍日常生活中常用的一些针法，使用较少的针法将不一一介绍。

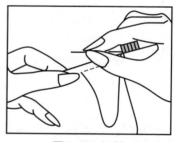

图8-5 绗针

1. 绗针

特指将针由右向左运针进行缝制，间隔一定的距离构成线迹。此种针法多用于手工缝纫或装饰点缀，如图8-5所示。

2. 缲针

缲针可分为明缲针和暗缲针两种针法。

（1）明缲针：即缝合线迹略露在外面的针法。其主要用于中西式服装的底部、袖口、袖窿、裤底、膝盖等部位。缝线松紧适中，针距控制在0.3厘米左右，如图8-6所示。

（2）暗缲针：即针线在底边缝口内的针法。此种针法多用于西服夹里的底边、袖口绲条、贴边等。衣片正面只能缲牢1根或两根纱线并且不可有明显针迹。此种针法缝线可略松，针距控制在0.5厘米左右，如图8-6所示。

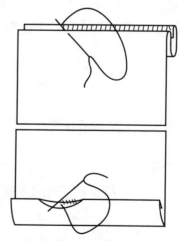

图8-6 明缲针、暗缲针

3. 三角针

顾名思义，其针法路径呈三角状，内外交叉、自左向右倒退，将面料依次用平针绷牢。此种针法的具体要求是正面不露出针迹，线迹不可过紧。三角针法多用于拷边后的贴边、裙子的下摆等部位，如图8-7所示。

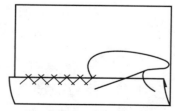

图8-7 三角针

4. 拉线襻

用于衣领下角、裙子下摆等部位。其主要作用是为了限制面料与里料的活动范围，如图8-8所示。

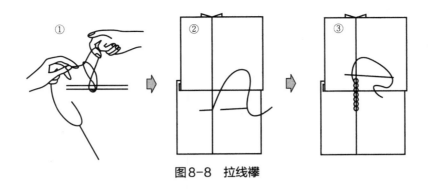

图8-8 拉线襻

5.钉扣

钉扣可分为钉实用扣和钉装饰扣两种。

（1）钉实用扣：可先将纽扣用线缝住，然后从面料的正面起针；也可以直接从面料的正面起针，穿过扣眼，注意缝线底脚要小，面料与纽扣间要保持适当距离，线要放松不可紧绷。具体操作步骤可参考图8-9。

（2）钉装饰扣：装饰纽扣一般只需要平服地将纽扣钉在衣服上即可。

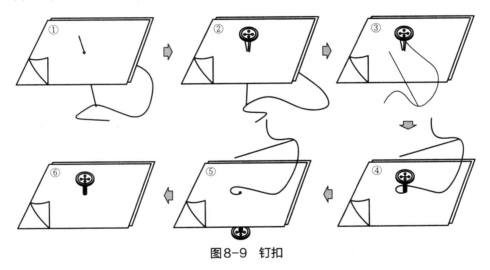

图8-9 钉扣

三、服装基本缝型介绍

1.平缝

把两层衣片正面相叠，沿着所留缝头进行缝合，一般缝头宽为0.8～1.2厘米。若将缝份导向一边则称之为倒缝；若将缝份劈开烫平则称之为分开缝，如图8-10所示。

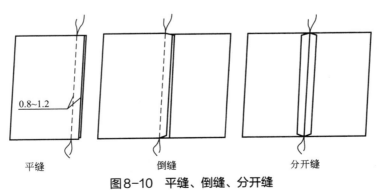

图8-10 平缝、倒缝、分开缝

2. 分缉缝

两层衣片平缝后分缝，在衣片正面两边各压缉一道明线。用于衣片拼接部位的装饰和加固作用。如图8-11所示。

3. 搭接缝

两层衣片缝头相搭1厘米，居中缉一道线，使缝子平薄、不起梗。用于衬布和某些需要拼接又不显露在外面的部位。如图8-12所示。

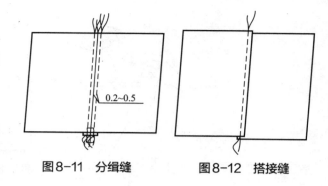

图8-11 分缉缝　　图8-12 搭接缝

4. 压缉缝

上层衣片缝口折光，盖住下层衣片缝头或对准下层衣片应缝的位置，正面压缉一道明线，用于装袖衩、袖克夫、领头、裤腰、贴袋或拼接等，如图8-13所示。

5. 贴边缝

衣片反面朝上，把缝头折光后再折转一定要求的宽度，沿贴边的边缘缉0.1厘米止口。注意上下层松紧一致，防止起涟。如图8-14所示。

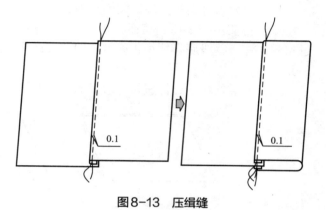

图8-13 压缉缝

6. 来去缝

两层衣片反面相叠，平缝0.1厘米缝头后把毛丝修剪整齐，翻转后正面相叠合缉0.3厘米，把第一道毛缝包在里面。用于薄料衬衫，衬裤等。如图8-15所示。

7. 明包缝

明包明缉呈双线。两层衣片反面相叠，下层衣片缝头放出0.3厘米包转，再把包缝向上层正面坐倒，缉0.1厘米止口。用于男士两用衫、夹克衫等。如图8-16所示。

8. 暗包缝

暗包明缉成单线。两层衣片正面相叠，下层放边0.3厘米缝头，包转上层，缉0.1厘米止口，再把包缝向上层衣片反面坐倒。用于夹克衫等。如图8-17所示。

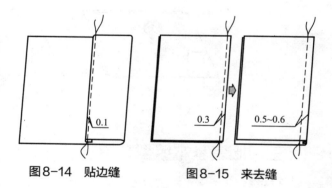

图8-14 贴边缝　　图8-15 来去缝

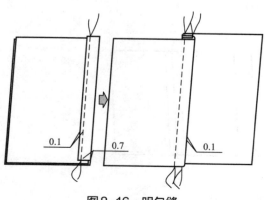

图8-16 明包缝

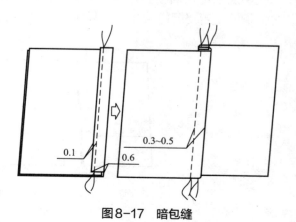

图8-17 暗包缝

四、熨烫工艺介绍

熨烫工艺是缝制工艺中尤为重要的组成部分之一。从服装原始裁片的缝制，到最终成品的完善整理，都离不开熨烫工艺，尤其在做高级服装的时候更是如此。服装行业常用三分做、七分烫来形容熨烫工艺对于整件服装在缝制全过程中的地位及作用的重要性，可见熨烫工艺是一门很深的学问。

（一）熨烫工艺的作用

（1）原料预缩、熨烫折痕：为排料、裁剪、缝制创造条件。

（2）给服装塑形：通过推、归、拔等工艺技巧做出所需要的立体造型。

（3）定型、整形：可分为两种。一种是压分、扣定型。在缝制的过程中，衣片的许多部位需要按照特定工艺进行平分、折扣、压实等熨烫工艺操作。另一种是成品整形。通过整烫工艺使得成品服装达到美观、适体的外观造型。

（4）修正弊病：利用织物自身的膨胀、收缩等物理性能，通过熨斗的喷雾、喷水熨烫修正服装在缝制过程中产生的弊病。缝迹线条不直或面料的某部位织物松弛形成"酒窝"等不良部位均可以通过熨烫工艺进行解决。

（二）家用熨烫工具准备

家用熨斗可分为两类：电熨斗、挂烫熨斗。

1. 电熨斗

电熨斗是市场上最为常见的熨烫工具，如图8-18所示。日常生活中所选用的熨斗有300W、500W、700W的区别。功率较小的电熨斗适用于熨烫轻薄型的面料服装，功率较大的可用来熨烫面料较厚的服装。注意：在熨烫之前一定要考虑所需熨烫服装面料的温度适应情况，如果熨烫温度控制不当很容易发生烫坏服装的事情。

图8-18　电熨斗

2. 挂烫熨斗（挂烫机）

挂烫机的工作原理是经过加热水箱里面的水，由此产生具有一定压力的高温蒸汽，然后通过软管引出，直接喷向挂好的衣物，使该衣物纤维得到软化，便可将衣物上的褶皱处理掉，最终促使衣物更加平整美观，如图8-19所示。

温馨提示：因为挂烫机能够很好地控制衣物熨烫时所需的温度，因此很适合用来熨烫一些不能被高温熨烫的真丝等高档面料所制成的衣物；由于挂烫机是可以挂着熨烫衣物的，因此还可以用来熨烫和消毒地毯、窗帘等常用织物；挂烫机应当在使用之前预热1分钟左右，然后等水箱里面的水温到达一定程度后再使用。

经过研究表明，长时间使用电熨斗经过平板熨烫的衣服，容易导致衣物上的纤维织物发硬、老化，从而损伤衣物，缩短衣物的使用寿命；电熨斗是直接与衣物接触的，因此很容易弄脏衣物。而挂烫机是通过喷洒蒸汽、从而软化纤维而达到最佳的熨烫效果，因此其与织物间存在一定的空隙量，所以弄脏织物的可能性较小，并且通过喷洒高温蒸汽还可以起到杀菌消毒的作用。

图8-19　挂烫熨斗

3. 烫布

烫布是用白棉布去浆后制成，也称水布，如图8-20所示。

图8-20　烫布

第二节 童装设计缝制的注意事项

　　新手爸爸妈妈们对于儿童服装美观的要求越来越高，但很多家长并没有意识到儿童服装和成人服装的不同，很多成人服装设计上不会出现的安全隐患会在孩子身上发生。例如，很多有了小公主的家长，喜欢给孩子衣服上设计上闪亮的亮片或装饰钻石饰品，这些都会引起孩子的注意，在抓拿的时候容易划伤孩子的皮肤；还有的家长喜欢在孩子的衣服上缝制一些食物如草莓、面包、糖果等扣子或饰品，这些也会引起孩子的注意，容易因孩子吞噬而造成哽塞、呕吐窒息等危险；还有的家长喜欢给孩子穿近两年流行的带帽衫的T恤或棉服，帽衫的帽绳在孩子玩的过程中容易被滑梯等游乐设施夹住造成窒息而发生危险；有的服装上的蝴蝶结飘带或收腰绳过长在儿童上下车时有被夹住的危险；上衣腰部或下摆处的拉带过长易被钩住而导致拖曳事故发生，会威胁到儿童的生命，如图8-21所示。为儿童身心健康考虑，应该全面加强预防工作。安全问题，尤其是儿童服装的安全，正逐渐成为社会关注的焦点。作为新手的爸爸妈妈们要陪伴孩子们度过美好的童年，不论选购服装还是给孩子做心仪的宝宝装，都需要对服装的安全有所了解。

图8-21　危及儿童安全的隐患

　　近年来，我国儿童安全性服装标准在原有服装行业标准体系的基础上制定，进一步规范和指导我国儿童服装生产和销售，对我国服装贸易起到积极的推动和保护作用，如图8-22所示。

图8-22　儿童安全意识

一、我国儿童服装安全系列标准

目前，我国儿童服装安全系列标准主要有如表8-1所列的几种。

表8-1 我国儿童服装安全系列标准

标准号	标准名	发布日期	实施日期	标准性质
GB 18401—2010	国家纺织产品基本安全技术规范	2011年01月14日	2011年8月1日	强制性
GB 31701—2015	婴幼儿及儿童纺织产品安全技术规范	2015年05月26日	2016年6月1日	强制性
GB/T 22705—2019	童装绳索和拉带安全要求	2019年10月18日	2020年5月1日	推荐性
GB/T 22702—2019	童装绳索和拉带测量方法	2019年10月18日	2020年5月1日	推荐性
GB/T 22704—2008	提高机械安全性的儿童服装设计和生产实施规范	2008年12月31日	2009年8月1日	推荐性
FZ/T 81014—2008	婴幼儿服装	2008年4月23日	2008年10月1日	推荐性

注：关于面料安全系列标准在本书中不进行详细介绍。

表8-1中，2015年5月26日，当时的国家质检总局、当时的国家标准委批准发布了强制性国家标准《婴幼儿及儿童纺织产品安全技术规范》。这是我国第一个专门针对婴幼儿及儿童纺织产品（童装）的强制性国家标准，该标准对儿童服装的安全性能进行了全面规范，将有助于引导生产企业提高儿童服装的安全与质量，保护婴幼儿及儿童健康安全，标准于2016年6月1日正式实施。

GB/T 22705—2019《童装绳索和拉带安全要求》、GB/T 22702—2019《童装绳索和拉带测量方法》和GB/T 22704-2008《提高机械安全性的儿童服装设计和生产实施规范》三项国家标准构成儿童服装安全系列标准，对婴幼儿及儿童服装的设计、材料、部件、生产和检验的技术内容和考核方法作出了详细、明确的规定，为婴幼儿及儿童服装消费安全提供了设计需求。

由于我国儿童服装的绳带安全问题在国外屡被召回，因此，全国服装标准化技术委员会也希望将GB/T 22705—2019《童装绳索和拉带安全要求》、GB/T 22702—2019《童装绳索和拉带测量方法》转化为国家强制性标准，以引起我国童装设计生产的重视。

1. 婴幼儿纺织产品（Textile Products for Infants）

年龄在36个月及以下的婴幼儿穿着或使用的纺织产品。一般适用于身高100厘米及以下婴幼儿穿着或使用的纺织产品可作为婴幼儿纺织产品。

2. 儿童纺织产品（Textile Products for Children）

年龄在3岁以上、14岁及以下的儿童穿着或使用的纺织产品。一般适用于身高100厘米以上、155厘米及以下女童或160厘米及以下男童穿着或使用的纺织产品可作为儿童纺织产品。其中，130厘米及以下儿童穿着的可作为7岁以下儿童服装。

婴幼儿纺织产品上，不宜使用≤3毫米的附件。

婴幼儿及儿童服装绳带要求应符合表8-2中的要求。

表8-2 婴幼儿及儿童服装的绳带要求

编号	婴幼儿及7岁以下儿童服装	7岁及以上儿童服装
1	头颈部不允许存在任何绳带	头颈和颈部调整服装尺寸的绳带不应有自由端，其他绳带不应有长度超过75毫米的自由端。头颈和颈部：当服装平摊至最大尺寸时不应有突出的绳圈。当服装平摊至合适的穿着尺寸时突出的绳圈的周长不应超过150毫米；除了肩带和颈带，其他绳带不应使用弹性绳带
2	肩带应是固定的，连续且无自由端的，肩带上的装饰性绳带不应有长度超过75毫米的自由端或周长超过75毫米的绳圈	

续表

编号	婴幼儿及7岁以下儿童服装	7岁及以上儿童服装
3	固着在腰部的绳带，从固着点伸出的长度不应超过360毫米，且不应超出服装底边	固着在腰部的绳带，从固着点伸出的长度不应超过360毫米
4	短袖袖子平摊至最大尺寸时，袖口处绳带的伸出长度不应超过75毫米	短袖袖子平摊至最大尺寸时，袖口处绳带的伸出长度不应超过140毫米
5	除腰带外，背部不应有绳带伸出或系着	
6	长袖袖口处的绳带扣紧时应完全置于服装内	
7	长至臀围线以下的服装，底边处的绳带不应超出服装下边缘。长至脚踝处的服装，底边处的绳带应该完全置于服装内	
8	除了前几项以外，服装平摊至最大尺寸时，伸出的绳带长度不应超过140毫米	
9	绳带的自由末端不允许打结或使用立体装饰物	
10	两端固定且突出的绳圈的周长不应超过75毫米；平贴在服装上的绳圈，其两固定端的长度不应超过75毫米	

二、专业术语

服装专业绳带很多，用处各不相同，如图8-23所示。

1. 拉带

穿过绳道、绳线环、孔眼或类似部件，带有或不带有装饰物（如套环、绒球、羽毛或念珠等），以各种纺织或非纺织材料制成的绳索、链条、系带、绳带或绳线，用于调整服装开口部位或部件。

2. 绳索

带有或不带有装饰物（如套环、绒球、羽毛或念珠等）、以各种纺织或非纺织材料制成、固定长度的绳索、链条、系带、绳带或绳线，用于调整服装开口或部件穿着时的尺寸松紧度，或用于系紧服装本身。

3. 装饰性绳索

非功能性绳索，带有或不带有装饰物（如套环、绒球、羽毛或念珠等），以各种纺织或非纺织材料制成、固定长度的绳索、链条、系带、绳带或绳线，并非用于调整服装开口或部件穿着时的尺寸松紧度，或用于系紧服装本身。

4. 弹性绳索

一种用橡胶、橡皮筋、弹性聚合物或类似材料的纱线制成的绳索，具有高度弹性、完全或几乎完全回复性。

5. 三角背心颈部系绳

露肩和露背上装（例如连衣裙、女衬衫或比基尼泳装）中，把服装固定住、绕后颈一周的功能性绳索。

6. 打结腰带或装饰腰带

环绕腰部的拉带、绳索、不窄于3厘米的纺织织物。

7. 套环

连在拉带末端的，以木质、塑料、金属或其他复合材料做成的配件，用于装饰或防止拉带从绳道中抽出。

8. 带襻

弯曲的绳索或窄条，长度固定或可调整，两端固定在服装上。

9. 拉链头
附于拉链滑块上便于操作的拉链组件。

10. 拉链滑锁
由拉链滑块和拉链头组合的可移动组件,通过分离或咬合拉链齿来打开或关闭拉链。

11. 调节搭襻
不窄于20毫米的小布条,用于调整服装开口大小。

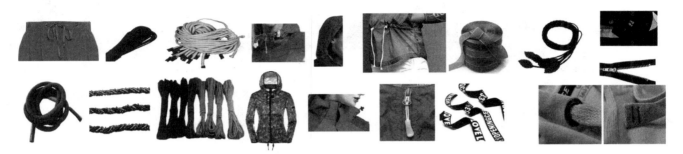

图8-23 绳带种类

三、儿童服装绳带规范设计

(一)区域划分

儿童身体的部位分布,主要分为头颈部、胸腰部、腿部及背部,由于绳带在不同位置容易出现不同的危险,因此需要根据这几个部位的特征分别详细介绍绳带安全应用方法。

1. 头颈部
头顶至两腋窝前点水平线、两腋窝前点向上延伸至肩部的区域,如图8-24所示。

2. 胸腰部
两腋窝前点水平线至会阴点水平位置之间的区域,如图8-24所示。

3. 臀部以下
会阴点水平位置以下的区域,如图8-24所示。

4. 背部
人体躯干和腿的后部,如图8-24所示。

图8-24 儿童绳带安全身体部位划分

（二）各部位要求

因此国家标准明确规定7岁及以下儿童服装和7岁以上儿童服装对绳带的要求，如图8-25所示。

图2-25　年龄对绳带的要求

1. 头部风帽及绳带的安全要求

带有风帽的童装应注意在保证不影响儿童的正常活动，由于婴幼儿在睡眠的时候容易被帽子捂住引起窒息，因此3岁或3岁以下儿童的睡衣不允许带有风帽。3岁以上的风帽设计应确保儿童视力和听力不受影响，保证着装安全性，绳带在颈部及帽子部位容易挂在滑梯等儿童周围的玩具上，造成呼吸困难甚至窒息。因此，国家标准明确规定7岁及以下儿童的服装头部和颈部不得有任何绳带；7岁以上的童装帽子拉带不得露出自由端。正确的拉带设计是，当服装扣紧至合身尺寸时，风帽和颈部的带襻周长不超过15厘米，如图8-26所示。

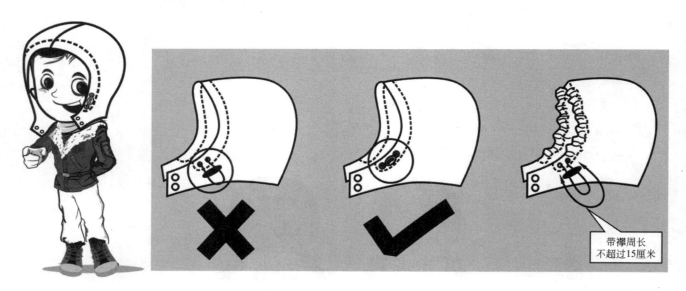

图8-26　头部绳带的安全要求

2. 肩部绳带的安全要求

肩部绳带只对针对婴幼儿及7岁以下儿童服装提出了要求。固定的、连续且无自由端的，肩部的装饰性绳带不应有长度超过7.5厘米的自由端或周长超过7.5厘米的绳圈，如图8-27所示。

图8-27　肩部绳带的安全要求

3. 臀围以下服装下摆绳带的安全要求

幼儿服装上的打结腰带或装饰腰带在未系着状态时，不应该超出服装底边。长至臀围线以下的服装，其底边处的拉带、绳索（包括套环等部件）不应超出服装下边缘；位于服装底边的拉带或绳索在系着状态时应平贴于服装。长至脚踝的儿童服装（风衣、裤或裙等），其底边处的拉带、绳索应完全置于服装内。位于服装底边的可调节搭襻，不应超出服装底边的下边缘。在上装下摆位置控制松紧度时，为避免松紧绳带超过下摆造成安全问题，将绳带替换为搭襻，如图8-28所示。

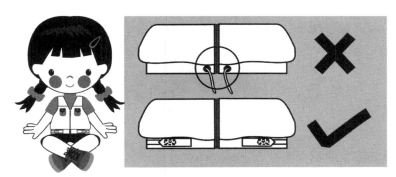

图8-28　臀围以下服装下摆绳带的安全要求

4. 后背绳带的安全要求

后背部位置的绳带在设计时，注意不允许从童装背部伸出或系着，在后部伸出绳带，防止后部绳带被车门夹住发生危险，同时注意控制自由端的长度。允许使用打结腰带和装饰腰带。如图8-29所示。

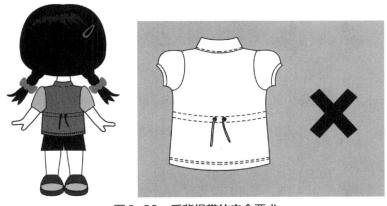

图8-29　后背绳带的安全要求

5. 裤腰绳带的要求

童装裤腰控制绳带有套环式和套结式两种，套环只能用于无自由端的拉带和装饰性绳索；在两出口点中间处应固定拉带，可运用套结等方法，如图8-30所示。

图8-30　裤腰绳带的安全要求

6. 脚踝绳带的安全要求

长至脚踝的服装上的拉链头不应超出服装底部，如图8-31所示。

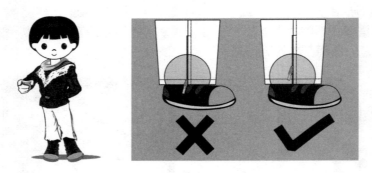

图8-31　脚踝绳带的安全要求

7. 袖口、脚口绳带的安全要求

在设计袖口处绳带时，考虑到由于儿童手臂部位易被伸出的绳带缠绕导致缺血，脚口部位伸出的绳带易将孩子绊倒，因此，袖口和脚口部位的绳带在扣紧时应完全置于服装内部；或者用魔术贴绑带来代替绳带，如图8-32所示。

图8-32　袖口、脚口绳带的安全要求

8. 袖口袖襻的安全要求

在袖子上的可调节搭襻不应超出袖子底边。在婴儿服的袖口若有松紧设计，应保证收紧时对身体压力较小，以防松紧带过紧或过硬影响血液循环造成局部缺血；袖口如有袖襻搭扣设计，宽度不能超过袖口塔夫部位的边缘，如图8-33所示。

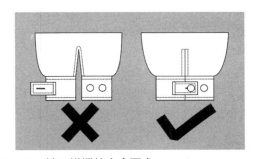

图8-33　袖口搭襻的安全要求

四、其他配件安全规范

（1）绳带的自由末端不允许打结或使用立体装饰物，防止儿童咬住引起伤害。

（2）在婴幼儿的服饰上，不宜使用长宽在3毫米以下的附件，这种附件可能被婴幼儿抓住咬起甚至吞下，引起窒息等危险；同时附件不能存在可触及的锐利尖端或锐利边缘，防止割伤儿童的皮肤或眼睛。

（3）纽扣的选取也值得我们注意，因为扣子体积较小，容易被婴幼儿误食，因此应选用固定较为牢固的摁扣或四合扣，方便穿脱的同时保证安全性。

（4）童装拉链一般选用塑料拉链，可减少事故的伤害程度。为保证安全性，5岁及5岁以下男童服装的门襟区域不能使用功能性拉链。男童裤装拉链式门襟应设计至少2厘米宽的内盖，覆盖拉链开口，沿门襟底部将拉链开口缝住。

（5）婴幼儿及儿童纺织产品的包装中不应使用金属针等锐利物。

（6）婴幼儿及儿童纺织产品上不允许残留金属针等锐利物。

（7）对于缝制在可贴身穿着的婴幼儿服装上的耐久性标签，应置于不与皮肤直接接触的位置。

五、小部件脱落的安全要求

每个妈妈都希望把自己的孩子打扮得漂漂亮亮的。但儿童医生表示，每年都有很多小孩误吞异物的病例，不少孩子会因好玩把衣服上的装饰钻或亮片抠掉或含在嘴里，这样很容易误食、刮伤、窒息等。所以，为了孩子安全考虑，爸爸妈妈们要尽量少为幼童选择饰物的服装，特别是金属饰物的服装。同时还应查看纽扣、各种塑料装饰件的牢固性，防止其脱落被儿童误服口中。有图案、印花的部位不能含有可掉落粉末和颗粒的物质。装饰物不允许有闪光片和颗粒状珠子或其他尖锐物等，如图8-34所示。

GB/T 22704—2008《提高机械安全性的儿童服装设计和生产实施规范》对服装上部件脱落强度做了详细规定，服装企业应严格遵照执行。

图8-34　小部件脱落的安全要求

第三节　婴幼儿和尚服的缝制

下面我们介绍一种简单分体式婴幼儿和尚服（图8-35）的缝制方法，通过学习后，各位妈妈在家中就能为宝宝缝制出美观合体的婴幼儿和尚服了。

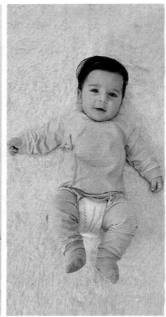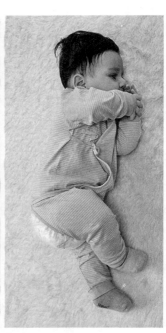

图8-35　婴幼儿和尚服

和尚服套装的排料如图8-36所示，在幅宽144厘米的针织面料上将裁剪样板平行于经纱排好，后片注意要采用对裁的方法，将后中心线压住面料的双折位置，如果有毛边注意闪出毛边的量。

在排料完成之后，用画粉或铅笔将裁剪样板的轮廓拓在面料上，用裁剪剪刀将其剪开，如图8-37所示。

由于婴幼儿的肌肤较为娇嫩，因此我们可以将缝合的布边进行锁边，这样可以避免布边的毛茬引起儿童身体不适。

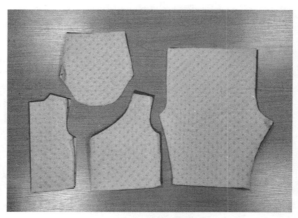

图8-36　和尚服的排料　　　　　　　图8-37　和尚服样板轮廓

一、上装缝制步骤介绍

1. 拼合左右肩线见表8-3。

表8-3 拼合左右肩线

将上衣三片面面相对，沿肩线方向对齐，留出1厘米的缝份	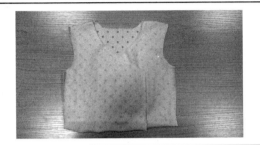
沿着距布边1厘米处缝合肩缝，调整线迹大小，保证缝合线牢固美观，首尾打回针固定线迹，最后将缝份劈烫熨平，并将缝份用手针缝好	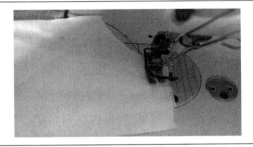
完成肩线缝合	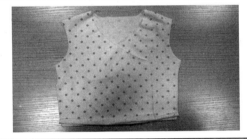

2. 绱袖及缝合侧缝袖底缝见表8-4。

表8-4 绱袖及缝合侧缝袖底缝

将左右两袖片和身片的袖山弧线和袖窿弧线对齐，面对面贴合，留出1厘米缝份，从袖窿底起针缝合一圈	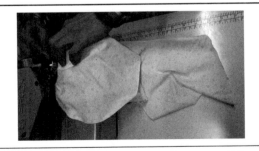
从下摆起针，将侧缝和袖底缝合缝，将缝份用手针纤好	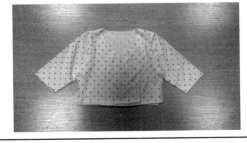

3. 用布条包边见表8-5。

表8-5 用布条包边

说明	图示
选取长宽合适的矩形布条，两边扣烫0.3厘米缝份，沿中心线里对里对折并烫平	
将布边开口处沿前门襟、领口和下摆夹住，在距缝份扣烫位置0.1厘米和0.2厘米处压两条明线	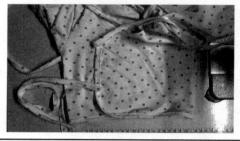

4. 制作绑带，并将其在前身片固定见表8-6。

表8-6 制作绑带并固定于前身片

说明	图示
选取适合长宽的矩形布条，两边扣烫0.3厘米缝份并沿中心线里对里对折，在距开口布边0.1厘米处和0.2厘米处压两条明线	
绑带位置一般在左前片交领和门襟止口的交口处、交口向下5厘米处、侧缝袖窿处及向下5厘米处	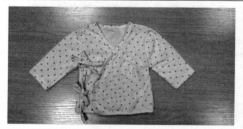

5. 袖口折边、整烫及后整理见表8-7。

表8-7 袖口折边、整烫后整理

说明	图示
袖口向里折3厘米并扣烫，并将毛边再向内折1厘米。在距第二个折边0.5厘米处压一条明线	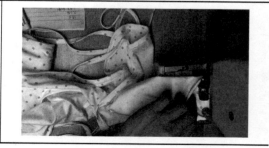

续表

| 劈烫缝合处的缝份，并用手针将缝份固定住，再将和尚服的褶皱熨烫平整 | 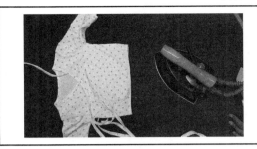 |

二、下装缝制步骤介绍

1. 裤片锁边见表8-8。

表8-8 裤片锁边

| 应用缝纫机的锁边功能，将裤片的前后裆弯、侧缝、底缝以及脚口锁边 | 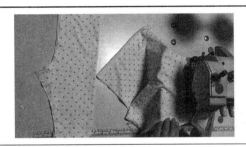 |
| 锁边完成 | 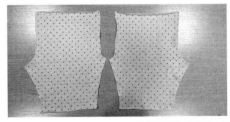 |

2. 前后裆弯和底缝的缝制见表8-9。

表8-9 缝制前后裆弯和底缝

| 先确定开裆止口位置，将两个止口与前后裆弯上端这一段用较密针距缝合，在合前后裆弯的其他位置用稀疏针码缝合，熨烫劈缝，为确保开裆裤的止口牢固性，在止口处垂直于合缝方向打回针来固定缝头 | 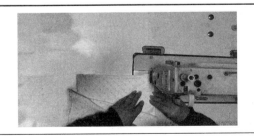 |
| 缝合底缝时从脚口内侧起针，缝合至前后裆弯左右两片的交汇部位打回针固定，保证开裆时缝线的稳定性 | 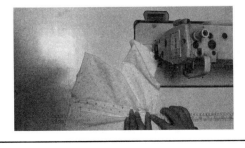 |

续表

前后裆止口向下距左右两片缝合边缘0.5厘米各压一条明线	
缝制完成	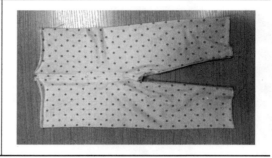

3. 绱腰见表8-10。

表8-10 绱腰

绱腰位置向下扣烫0.3厘米，再向下扣烫一个松紧丈巾的宽度	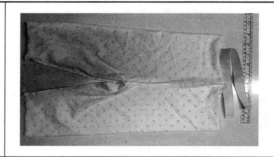
将长度适合的松紧两头固定成一个圆圈	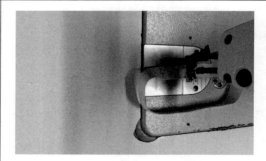
把松紧排到第二个扣烫位置，在前中心和后中心固定住丈巾，用0.3厘米的折边盖住丈巾，并在距折边0.1厘米压一条明线	

续表

4. 裤脚口折边处理表8-11。

表8-11　裤脚口拆边

将裤脚口向内扣烫1厘米并距折边0.5厘米压一条明线	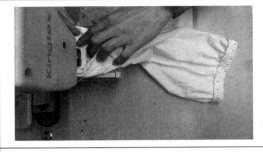
裤脚口处理	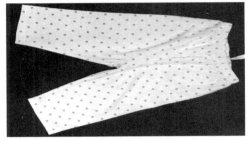

5. 开裆及熨烫整理见表8-12。

表8-12　开裆及熨烫整理

剪开前后裆弯前止口至后止口之间的缝线，将线迹清剪干净	
完成后的裤装	
将开裆裤的皱褶熨烫平服	

第四节 儿童罩衫的缝制

一、儿童罩衫简介

儿童罩衫是幼童穿着的一种较为宽松的上衣。儿童由于对新的事物充满好奇，在探索周围世界的同时也难免会将衣服弄脏，给宝妈们增添了些许甜蜜的烦恼，如图8-38所示。罩衫这种宽大而简约的外穿童装便于穿脱和洗涤，可以防止宝宝画画、玩耍和吃饭的时候将里面的衣服弄脏，可减少妈妈们每天特别频繁更换和洗涤宝宝污渍衣服的烦恼。

进餐

玩耍

涂抹

图8-38 儿童活动场合

儿童罩衫的外观如图8-39所示，其裁剪缝制工艺简单，妈妈们在家中要做出美观耐穿的罩衫也非常容易。罩衫采用背部开合的方式，方便妈妈帮孩子穿脱；婴幼儿处于身体快速发育的时期，不但有好动，而且具有探索性强的性格特征，而插肩袖罩衫的设计可最大限度地方便容纳内穿童装并便于婴幼儿臂部的运动，袖口采用橡筋收紧，在保证内穿服装袖子不被弄脏的同时便于儿童手部的活动，满足儿童探索周边事物的好奇心，给宝宝一个自由舒适的穿着体验。

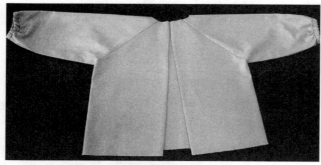
儿童罩衫正面

儿童罩衫背面

图8-39 儿童罩衫

二、罩衫制作过程

（一）材料准备过程

需要准备的材料有棉布、皮尺、剪刀、直尺、画粉、缝纫机、包缝机、熨斗、缝纫线、纱剪、橡筋。在裁剪之前先将棉布熨平并剪去毛边。

（二）儿童罩衫裁剪过程（表8-13）

表8-13 儿童罩衫裁剪过程

说明	图示
量取宝宝的胸围量，加放18厘米的活动量以及3厘米的背部门襟折边量作为布料的宽度。将裁剪所需布料从原始幅宽的布上剪开	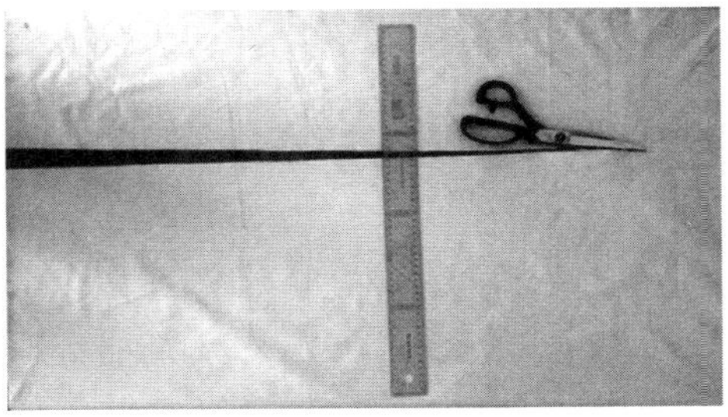
将布料翻折，控制后中心折边宽3厘米。留出下摆2厘米的折边量，翻折	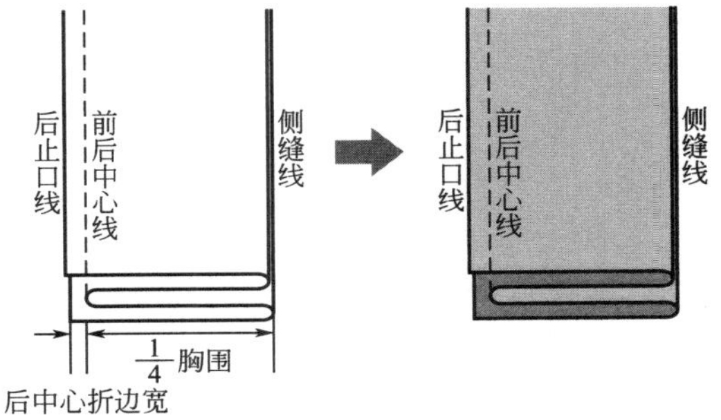
布料的长度大致为设计衣长+袖长+6厘米-成品胸围/4，可根据宝宝的实际着装需求增减长度	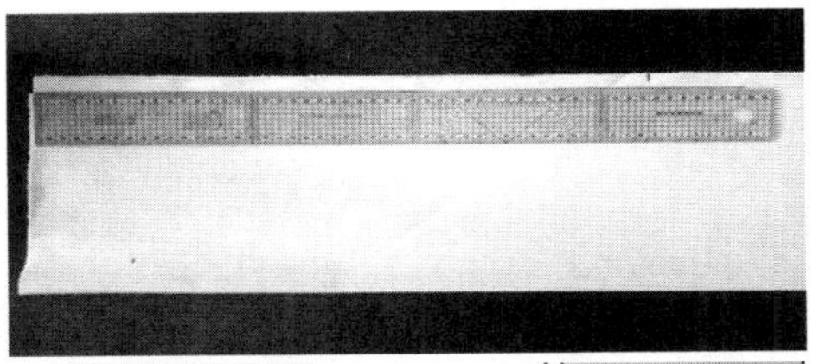 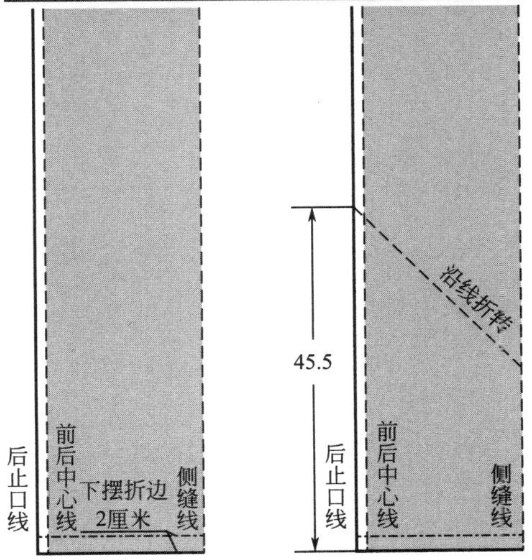

续表

从后止口线底端量取设计衣长加放6厘米的长度作为翻折线的一端,沿与后止口线呈45°的翻折线折转	
翻折后,沿翻折线将布料剪开	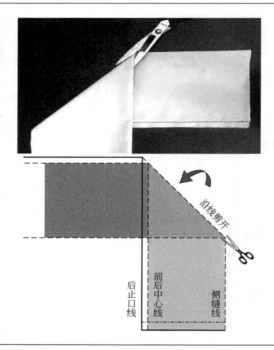
剪开后身片和袖片	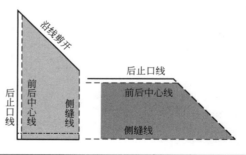
将左右袖片剪开	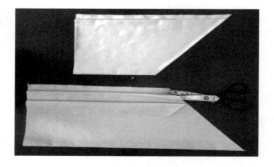

在身片上留出袖窿底缝份的量（与袖山缝份量相等）	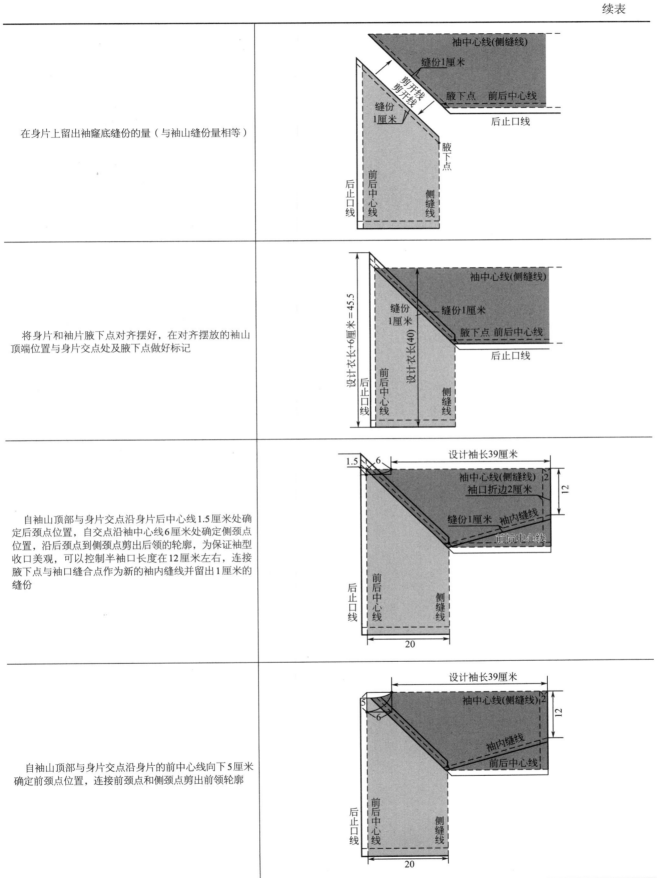
将身片和袖片腋下点对齐摆好，在对齐摆放的袖山顶端位置与身片交点处及腋下点做好标记	
自袖山顶部与身片交点沿身片后中心线1.5厘米处确定后颈点位置，自交点沿袖中心线6厘米处确定侧颈点位置，沿后颈点到侧颈点剪出后领的轮廓，为保证袖型收口美观，可以控制半袖口长度在12厘米左右，连接腋下点与袖口缝合点作为新的袖内缝线并留出1厘米的缝份	
自袖山顶部与身片交点沿身片的前中心线向下5厘米确定前颈点位置，连接前颈点和侧颈点剪出前领轮廓	

续表

沿布料斜向裁出长度、宽度适宜的长条作为系带	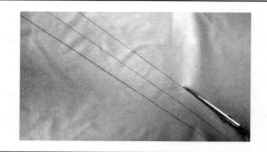
完成后的裁片	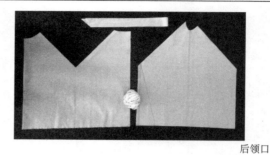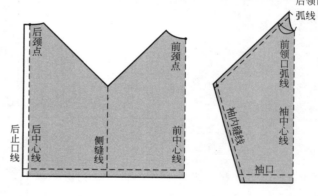

(三)儿童罩衫缝制过程见表8-14。

表8-14　儿童罩衫缝制过程

步骤	图示
将系带长条向中心线扣烫,再沿中心线对折后熨平,裁出一条长的领部系带和四条相对较短的后中门襟系带	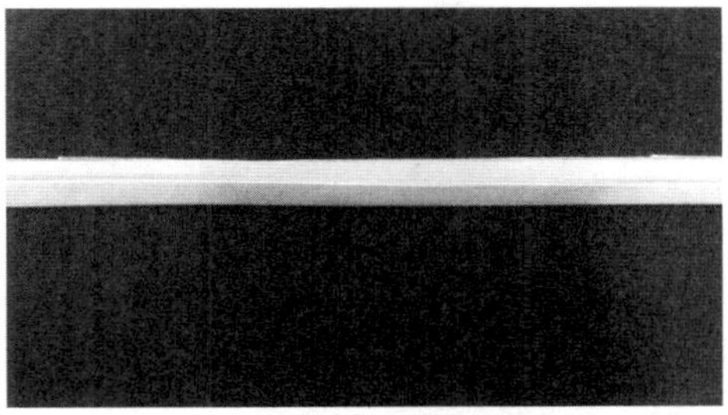
向内扣烫左右袖口折边1.5厘米	
将袖片正面对齐合袖底缝并锁边	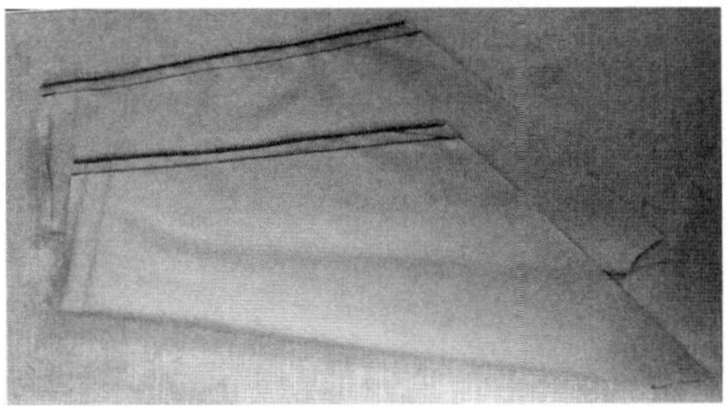
将适当长度的橡筋回针固定	
将袖口1.5厘米这边再向里扣烫0.5厘米并将橡筋置入折边中,在第二个扣烫位置压0.1厘米明线(注意不要将橡筋固定住,而应该让橡筋在袖头处自由伸缩)	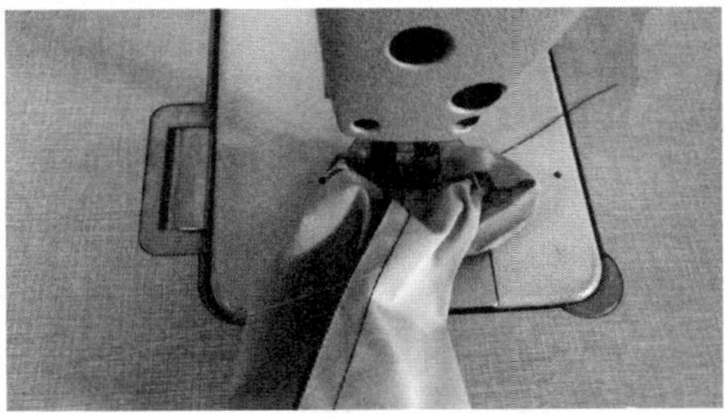
将袖片与身片正面对正面缝合并锁边	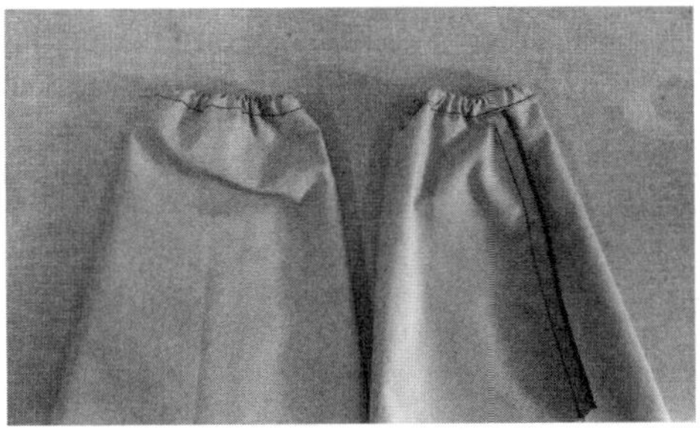

续表

将袖片与身片正面对正面缝合并锁边	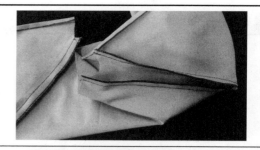
先将后中门襟两侧和下摆处依次扣烫0.5厘米和1厘米的折边,将四条后中门襟系带置于左右门襟折边内部的合适位置并压0.1厘米明线	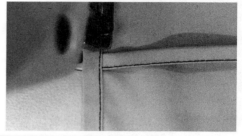
将领部系带夹住身片领围并在后中心左右伸出相同长度,在正面折边处压0.1厘米明线固定	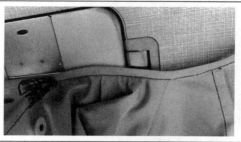
简单大方的罩衫完成	

参考文献

[1] 侯东昱. 女下装结构设计原理与应用［M］. 北京：化学工业出版社，2014.
[2] 张文斌. 服装结构设计［M］. 北京：中国纺织出版社，2007.
[3] 刘瑞璞. 女装纸样设计原理与应用（女装篇）［M］. 北京：中国纺织出版社，2008.
[4] 袁良. 香港高级女装技术教程［M］. 北京：中国纺织出版社，2007.
[5] 侯东昱，仇满亮，任红霞. 女装成衣工艺［M］. 上海：东华大学出版社，2012.
[6] 侯东昱，马芳. 服装结构设计·女装篇［M］. 北京：北京理工大学出版社，2010.
[7] 陈明艳. 裤子结构设计与纸样［M］. 上海：上海文化出版社，2009.
[8] 中泽愈. 人体与服装［M］. 袁观洛，译. 北京：中国纺织出版社，2003.
[9] 中屋典子，三吉满智子. 服装造型学技术篇Ⅰ［M］. 孙兆全，刘美华，金鲜英，译. 北京：中国纺织出版社，2004.
[10] 中屋典子，三吉满智子. 服装造型学技术篇Ⅱ［M］. 孙兆全，刘美华，金鲜英，译. 北京：中国纺织出版社，2004.
[11] 三吉满智子. 服装造型学技术篇理论篇［M］. 郑嵘，张浩，韩洁羽，译. 北京：中国纺织出版社，2006.
[12] 文化服装学院. 服装造型讲座②—裙子·裤子［M］. 张祖芳，纪万秋，朱瑾等，译. 上海：东华大学出版社，2006.
[13] 侯东昱. 女装成衣结构设计·下装篇［M］. 上海：东华大学出版社，2012.
[14] 熊能. 世界经典服装设计与纸样（女装篇）［M］. 南昌：江西美术出版社，2007.
[15] 侯东昱. 女装结构设计［M］. 上海：东华大学出版社，2012.
[16] 侯东昱. 女装成衣结构设计·部位篇［M］. 上海：东华大学出版社，2012.
[17] 素材中国网http://www.sccnn.com/
[18] http://baike.baidu.com/view/32384.htm
[19] http://www.fzjl168.com/fzdp/list_2_10.html